高等院校环境类专业教材

环境监测实验教程

林红军　王方园　周小玲　编

化学工业出版社

·北京·

内容简介

本实验教材针对水、大气、土壤、噪声等各种类型环境监测对象展开，内容设置从样品采集到现代分析仪器使用，从常规环境监测到复杂环境样品中微量污染物分析。实验类型按模块进行设计，包括22个基础验证性实验和6个综合性及研究设计性实验，分阶段对学生进行各种技能的训练。

本书可以作为本、专科院校环境类专业环境监测课程的实验教学用书，也可以作为广大环境监测工作者的参考书。

图书在版编目（CIP）数据

环境监测实验教程 / 林红军，王方园，周小玲编. 北京 : 化学工业出版社，2025. 1. -- (高等院校环境类专业教材). -- ISBN 978-7-122-46607-5

I. X83-33

中国国家版本馆 CIP 数据核字第 2024KM1998 号

责任编辑：李晓红　　文字编辑：郭丽芹
责任校对：王　静　　装帧设计：刘丽华

出版发行：化学工业出版社
（北京市东城区青年湖南街 13 号　邮政编码 100011）
印　　装：北京盛通数码印刷有限公司
710mm×1000mm　1/16　印张 9¾　字数 177 千字
2025 年 1 月北京第 1 版第 1 次印刷

购书咨询：010-64518888　　售后服务：010-64518899
网　　址：http://www.cip.com.cn
凡购买本书，如有缺损质量问题，本社销售中心负责调换。

定　　价：36.00 元

前言

环境监测是环境类专业的一门专业必修课，其应用性和实践性很强。本书选取的监测实验项目，可操作性强，可使学生能更好地理解和掌握环境监测课程的理论教学内容，培养学生的实验操作能力，以满足高等院校实验教学的需求。实验内容包含了监测实验准备、各种监测方法以及实验质控具体要求，在此基础上，还增加了综合性、设计性与综合应用性实验，力求体现实验学科的知识性、综合性和实用性。本书的附录部分还提供了相关环境质量标准内容，可作为环境监测结果对标评价的参考。

本书所确定的实验内容主要是面向环境科学和环境工程专业的本（专）科学生实验教学。内容主要涉及环境样品中水、大气、土壤、噪声等类型，涵盖了环境监测的各种方法，样品分析既有化学分析法，又有现代仪器分析方法。实验类型按模块进行设计，分为基础验证性实验、综合性实验和研究设计性实验，分阶段对学生进行各种技能的训练。这些实验所用到的方法是近年国内外普遍采用的技术方法，所用仪器都是先进的、性能优良的精密仪器。

通过本课程教学与学习，使学生对环境监测的全过程有所掌握，即对现场监测与调查、监测计划设计、优化监测布点、样品采集与运送保存、实验室分析测试、数据处理、综合评价等全过程监测内容有所了解。在样品的分析测试上可以接触到先进的大型精密仪器，初步了解环境监测规范分析测试技术，并具备独立从事环境监测工作能力。本书基础实验为验证性实验，侧重于基础技能的训练。综合性实验是建立在验证性实验的基础上，设计了水和大气监测的综合实验，让学生全面掌握环境监测与评价的全过程。

本实验教程由浙江师范大学地理与环境科学学院多年从事教学、科研及实验指导的教师林红军、王方园和周小玲编写。由于编者水平有限，书中疏漏和不妥之处在所难免，敬请读者批评指正。

编者

二〇二四年十月

目 录

第一部分　环境监测实验基本要求与考核方式　/　001

第一节　环境监测实验基本操作及注意事项　/　002

第二节　考核方式　/　004

第二部分　环境监测实验　/　007

实验一　水中浊度的测定　/　008

实验二　水中色度的测定　/　011

实验三　废水悬浮固体浓度的测定　/　014

实验四　化学需氧量（COD_{Cr}）的测定——重铬酸钾法　/　016

实验五　化学需氧量的测定——快速消解分光光度法　/　019

实验六　溶解氧的测定方法　/　025

实验七　生化需氧量的测定　/　029

实验八　工业废水中铬的价态分析　/　033

实验九　水中挥发酚类的测定　/　035

实验十　废水中油的测定——紫外分光光度法　/　045

实验十一　氨氮的测定——纳氏试剂分光光度法　/　048

实验十二　水中氟化物的测定——氟离子选择电极法　/　051

实验十三　大气中总悬浮颗粒物的测定　/　054

实验十四　空气中氮氧化物的测定——盐酸萘乙二胺分光光度法　/　058

实验十五　大气中苯系物的测定　/　062

实验十六　大气中二氧化硫的测定——甲醛吸收-盐酸副玫瑰苯胺分光光度法　/　067

实验十七　环境空气 PM_{10} 和 $PM_{2.5}$ 的测定——重量法　/　073
实验十八　大气中甲醛的测定　/　079
实验十九　固体废物的水分、有机质和养分的测定　/　089
实验二十　环境噪声监测　/　094
实验二十一　土壤中重金属的测定　/　097
实验二十二　原子吸收分光光度法测定茶叶样品中铜的含量　/　100

第三部分　综合性和研究设计性实验　/　103

实验一　湖水或河水水质监测与评价（综合性实验）　/　104
实验二　工业废水监测（综合性实验）　/　106
实验三　环境空气质量监测与评价（综合性实验）　/　108
实验四　土壤环境污染监测（设计性实验）　/　110
实验五　校园环境噪声监测（设计性实验）　/　112
实验六　XX 工业园区区域环境质量现状调查监测方案编制（综合应用性实践）　/　113

第四部分　附录　/　117

附录一　地表水环境质量标准（摘自 GB 3838—2002）　/　118
附录二　环境空气质量标准（摘自 GB 3095—2012）　/　122
附录三　土壤环境质量　农用地土壤污染风险管控标准（摘自 GB 15618—2018）　/　123
附录四　地下水质量标准（摘自 GB/T 14848—2017）　/　124
附录五　大气污染物综合排放标准（摘自 GB 16297—1996）　/　126
附录六　污水综合排放标准（摘自 GB 8978—1996）　/　136
附录七　实验室质量控制与方法　/　144

参考文献　/　149

第一部分

环境监测实验基本要求与考核方式

环境监测是通过化学分析与仪器分析手段对环境中的污染物或者影响环境质量的因素进行测定（定性、定量的测定），从而获取相关数据资料，利用所得到的数据资料来描述和判断环境质量现状，并预测环境质量在未来一段时间内的发展变化趋势。环境监测的目的是准确、及时、全面地反映环境质量现状与发展趋势，并为环境管理、污染源控制、环境规划等提供科学依据。环境监测的意义在于利用监测所得到的数据，将数据加以分析，反映出环境现状并预测环境的发展趋势，为生态环境和谐发展和未来规划提供科学依据。

目前环境监测一般分为监视性监测、特定目的监测和研究性监测等，也可按监测对象将其分为水质监测、大气监测、土壤监测、固体废物监测和生物监测等。经过多年的发展，如今的环境监测体系越来越严谨、越来越科学，其监测过程一般为：现场调查→监测计划设计→优化布点→样品采集与运送保存→环境样品分析测试→数据处理→综合评价等。针对不同程度的污染、不同种类的监测对象、不同地形的环境监测处理方法又有所不同。同时，由于污染物在环境中显露的特性，环境监测还具有综合性、连续性和追踪性三大特点。

环境监测是高等学校环境工程专业必修的专业技术课程，是一门实践性很强的应用学科。环境监测实验教学是环境监测课程的重要环节，它的目的是帮助学生加深理解环境监测的基本原理，熟悉环境监测的基本过程，掌握环境监测中主要监测项目的方法原理与操作技术，熟悉主要监测仪器设备的工作原理和使用方法；提高学生观察、分析和解决问题的能力，培养学生进行科学实验的初步能力、踏实严谨的工作作风和实事求是的科学态度；使学生能胜任环境监测实践工作。

第一节　环境监测实验基本操作及注意事项

一、基本操作

（一）药品的使用

1. 使用药品或试液。应严格遵守实验教材上的用量或教师规定的用量要求，不可多取。如果取多了而有剩余，不要随意丢弃，也不要倒回原容器中。必须按照教师的指导妥善处理。

2. 取用任何药品时，都要及时盖好盖子，避免盖错，药品取后放回原处。

3. 称量试剂或药品时，应非常仔细，不要泼洒在台子上或其他容器上。

4. 不能用手直接抓拿固体药品，应该用干净的镊子、骨匙或镊匙取用。

（二）天平的使用

1. 托盘天平

（1）称量时，不要超过天平量程，严防药品溢漏到天平盘上。

（2）药品不得直接放在天平盘上称取，易潮解的和吸水的固体药品，如无水氯化铝、氢氧化钠等，要放在带塞的称量瓶中称取。

（3）应按规定方法取用砝码，如发现砝码上沾有药品，必须立即擦干净。

（4）称完药品后，一定要把砝码放回砝码盒中，不得把它留在天平盘上。

2. 电子天平

（1）使用前先看清天平的量程，称量时不要超过天平量程。

（2）使用时首先调节平衡至平衡气泡处于平衡圈内。

（3）采用称量纸、称量瓶或其他干燥清洁容器称量药品。

（4）天平玻璃门不宜打开时间过长，使用完毕后必须关好。若天平内干燥剂已变色，应当立即将干燥剂烘干，直至干燥剂变回蓝色。

（三）烘箱的使用

1. 烘箱供烘干玻璃仪器、药品等之用，使用时不得任意调节控温器，烘箱门要轻启轻关。

2. 木塞、橡皮塞、纸以及涂有石蜡的仪器不得放入烘箱内。

3. 放入烘箱前的玻璃仪器要先沥干水，磨口活塞应从仪器上取下单独放置。

4. 烘箱用完后，应切断电源。

（四）通风橱的使用

1. 有毒、有腐蚀性或有刺激性气味的药品应在通风橱中使用。

2. 使用时开启通风橱吸风装置，将玻璃视窗拉至使用者手肘处，使用者将手伸入橱内操作，不得把头伸入橱内。

3. 使用完毕，关闭吸风装置，并将橱内整理清洁。

二、实验注意事项

1. 实验前，应检查仪器是否完好无缺，装置是否正确，全部妥当后再着手实验。

2. 初次实验应严格按照要求进行，如果要改变操作次序，或改变药品用量，必须先征得指导教师同意。

3. 做实验时要严肃认真，集中注意力进行观察，要经常注意仪器有无破碎、漏气，反应是否正常。

4. 将玻璃管、玻璃棒或温度计插入塞子时，应注意塞孔大小是否合适，然后涂些甘油，就容易插入塞子中去。

5. 为防止玻璃管插入塞子时折断而割伤皮肤，手要垫上布，并握住玻璃管靠近塞子的部分，慢慢地旋转而进。

6. 废酸等废液应倒入指定的废物缸中，不要倾入水槽，以免侵蚀水管和发生事故。有机溶剂要倒入回收瓶中，集中处理。

7. 实验室要保持干净整洁。实验台上不要放不用的仪器或药品，要保持水槽、仪器、实验台、地面的干净整洁，废纸、火柴梗等应放入指定的废物缸，切勿丢入水槽，以免堵塞下水管道。

8. 公用工具要轻拿轻放，用后放回原处，并保持其整洁完好。

9. 实验时观察到的现象及实验结果要随时记录在实验报告本上。

10. 做完实验后，将仪器洗净、放好，并清理实验台。值日生负责打扫实验室，清理水槽和药品台、地面，切断所有水、电、煤气，关好门窗。

第二节　考核方式

实验成绩单独按五级记分记录考试成绩。凡实验成绩不及格者，本课程必须重修。学生的实验成绩以平时考查为主，一般占总分的70%，其平时成绩又要以实验实际操作的优劣作为主要考核依据。在学期末或课程结束时，进行一定的实验操作考试，占总分的30%。平时实验成绩由预习报告、课堂提问的回答情况、实验操作的掌握情况、实验数据的记录与处理、实验结果的准确度、实验报告的撰写质量六个方面来评价，并对每个实验项目进行单独评价，评定成绩。

一、环境监测实验要求

1. 做好每一个实验的预习工作，学生在上实验课时，首先必须交预习报告。

2. 自觉遵守实验室规则，严格遵守实验操作程序，不懂就问，确保人身及财产安全。

3. 本着实事求是的科学态度，认真、及时、清楚地记录实验现象和原始数据，不允许拼凑或篡改数据。实验结束后要把实验数据和结果给老师检查，使老师能及时发现学生在做实验过程中存在的问题，以便及时纠正。

4. 认真做好每一个实验项目，掌握监测实验仪器的使用方法，以提高操作技能和综合能力。

5. 实验完成后，要清洗实验器皿，整理实验台，经老师同意后方可离开实验室。

6. 掌握对实验数据进行综合分析处理的能力，学会撰写完整的实验报告。

7. 按时交实验报告。

二、成绩评定

1. 优秀（很好）

能正确理解实验目的和要求，能独立、顺利而正确地完成各项实验操作，会分析和处理实验中遇到的问题，能掌握所学的各项实验技能，较好地完成实验报告及其他各项实验作业，有一定创新精神和能力，有良好的实验习惯。

2. 良好（较好）

能理解实验的目的和要求，能认真而正确地完成各项实验操作，能分析和处理实验中遇到的一些问题。能掌握绝大部分实验技能，对难点较大的操作完成有一定困难。能较好地完成实验报告和其他实验作业，有较好的实验习惯。

3. 中等（一般）

能粗浅理解实验目的和要求，能认真努力地进行各项实验操作，但技巧较差。能分析和处理实验中一些较容易的问题，掌握大部分实验技能。能基本完成各项实验作业和报告。处理问题缺乏条理，实验习惯较好，能认真遵守各项规章制度，学习努力。

4. 及格（较差）

只能机械地了解实验内容，能按实验步骤“照方抓药”完成实验操作，掌握 60% 所学的实验技能，有些内容可以操作但不准确。遇到问题常常缺乏解决的办法，在别人启发下能做些简单处理，但效果不理想。能基本完成实验报告，认真遵守实验室各项规章制度，做实验的过程中有小的习惯性毛病（如无计划，处理问题缺乏条理）。

5. 不及格（很差）

实验技能掌握不全面，有些实验虽能断断续续完成，但一般效果不好，操作不正确。进行实验时忙乱无条理。一般能遵守实验室规章制度，但常有小的错误。实验报告只简单描述实验结果，遇到问题时说不清原因，在教师指导下也较难完成各项实验作业。

第二部分

环境监测实验

实验一　水中浊度的测定

【方法一】比浊法

一、实验目的

1．掌握浊度的测定方法。

2．加深对浊度概念的理解，学会通过比浊法进行水样浊度测定。

二、实验原理

浊度是指水中悬浮物对光线透过时所发生的阻碍程度。水中含有泥土、粉砂、微细有机物、无机物、浮游生物和其他微生物等都可以使水样浑浊。将水样与硅藻土（或白陶土）配制的浊度标准液进行比较来确定水样浊度。相当于1 mg一定粒度的硅藻土（白陶土）在1000 mL水中所产生的浊度，称为1度。

三、实验仪器

1．150目筛，研钵，烘箱，蒸发皿，水浴加热装置，干燥器。

2．200 mL烧杯，1000 mL量筒，250 mL容量瓶，100 mL比色管，250 mL具塞玻璃瓶，1000 mL具塞玻璃瓶，移液管。

四、试剂

浊度标准液：称取10 g通过0.1 mm筛孔（150目）的硅藻土，于研钵中加入少许蒸馏水调成糊状并研细，移至烧杯中（建议用200 mL烧杯），充分搅拌，然后分次移入1000 mL量筒中，加水至1000 mL刻度线。充分搅拌，静置24 h，用虹吸法仔细将上层800 mL悬浮液移至第二个1000 mL量筒中。向第二个量筒内加水至1000 mL，充分搅拌静置24 h。

虹吸出上层含较细颗粒的800 mL悬浮液弃去，下部溶液加水稀释至1000 mL。充分搅拌后，贮于具塞玻璃瓶中，其中含硅藻土颗粒直径大约为400 μm。

用移液管吸取50 mL上述悬浊液置于恒重的蒸发皿中，在水浴上蒸干，于烘箱中105 ℃烘2 h，置于干燥器冷却30 min，称重。重复以上操作，即烘1 h，冷却，称重，直至恒重。求出1 mL悬浊液含硅藻土的质量（mg）。

浊度250度的标准液：吸取含250 mg硅藻土的悬浊液，置于1000 mL容量瓶中，加水至标线，摇匀。此溶液浊度为250度。

浊度100度的标准液：吸取100 mL浊度为250度的标准液于250 mL容量瓶中，用水稀释至标线，摇匀。所得溶液浊度为100度。

于各标准液中分别加入氯化汞（注意：氯化汞剧毒!），以防菌类生长。

五、实验步骤

1. 浊度低于10度的水样

用移液管吸取浊度为100度的标准液0 mL、1.0 mL、2.0 mL、3.0 mL、4.0 mL、5.0 mL、6.0 mL、7.0 mL、8.0 mL、9.0 mL及10.0 mL于100 mL比色管中，加水稀释至标线，混匀，配制成浊度为0度、1.0度、2.0度、3.0度、4.0度、5.0度、6.0度、7.0度、8.0度、9.0度及10.0度的标准液。

取100 mL摇匀水样于100 mL比色管中，与上述标准液进行比较。可在黑色底板上由上向下垂直观察，选取与水样产生相近视觉效果的标液，记下其浊度值。

2. 浊度为10度及以上的水样

吸取浊度为250度的标准液0 mL、10 mL、20 mL、30 mL、40 mL、50 mL、60 mL、70 mL、80 mL、90 mL、100 mL置于250 mL容量瓶中，加水稀释至标线，混匀。即得浊度为0度、10度、20度、30度、40度、50度、60度、70度、80度、90度和100度的标准液，将其移入成套的250 mL具塞玻璃瓶中。每瓶加入1 g氯化汞，以防菌类生长。

取250 mL摇匀水样置于250 mL具塞玻璃瓶中，瓶后放一有黑线的白纸板作为判别标志。从瓶前向后观察，根据目标的清晰程度选出与水样产生相近视觉效果的标准液，记下其浊度值。

3. 水样浊度超过100度时，用无浊度水稀释后测定。

4. 分析结果的表述：水样浊度可直接读数。

【方法二】浊度仪法

一、实验原理

浊度是指水中悬浮物对光线透过时所发生的阻碍程度。水中含有泥土、粉砂、微细有机物、无机物、浮游生物和其他微生物等可使水样浑浊。

浊度仪是一种用于测量水中浊度的仪器，其工作原理基于90°散射光原理，测量范围通常为0～100.0 NTU。

二、仪器与试剂

浊度仪、实验室常用仪器、蒸馏水或同等纯度的水。

三、实验步骤

1．仪器校准。

2．水样测定：采用浊度仪测定水样浊度。

3．具体操作见浊度仪说明书。

使用浊度仪时，需要注意以下几点：①测量前要确保比色皿的清洁，使用清洁剂或洗涤剂清洗比色皿，然后用清水冲洗干净并擦干；②测量前仪器需要预热10 min以确保测量的准确性；③根据说明书步骤进行调零和校准；④在测定样品浊度的过程中，如所测样品不在同一个量程范围，则按“量程”切换选择不同的量程测量。

四、思考题

1．浊度与悬浮物的质量浓度有无关系？为什么？

2．水样中添加氯化汞用以防菌类生长，是否会影响浊度的测定？是否有其他药剂可以替代此剧毒药剂？

实验二　水中色度的测定

【方法一】铂钴比色法

一、实验目的

1. 了解真色、表色、色度的含义。

2. 掌握铂钴比色法测定水的色度的原理和方法。

二、实验原理

适用于天然和轻度污染水的色度测定。用氯铂酸钾与氯化钴配成标准色列，与水样进行目视比色。每升水中含有 1 mg 铂和 0.5 mg 钴时所具有的颜色，称为 1 度，作为标准色度单位。如水样浑浊，则放置澄清，亦可用离心法或者使用 0.45 μm 滤膜过滤以去除悬浮物，但不能用滤纸过滤。

三、实验仪器

1. 实验室常用仪器。

2. 50 mL 具塞比色管系列，其刻线高度应一致。

3. pH 计。

四、试剂

1. 光学纯水：在蒸馏水或去离子水中浸泡 1 h 的 0.2 μm 滤膜过滤后的蒸馏水或去离子水。

2. 铂钴标准溶液：称取 1.246 g 氯铂酸钾和 1.000 g 氯化钴溶于 100 mL 光学纯水中，加入 100 mL 盐酸，用光学纯水定容至 1000 mL。此溶液色度为 500 度，保存在磨口玻璃瓶中，存放暗处。

五、实验步骤

1. 标准色列的配制：向 50 mL 比色管中分别加入 0 mL、0.50 mL、1.00 mL、1.50 mL、2.00 mL、2.50 mL、3.00 mL、3.50 mL、4.00 mL、4.50 mL、5.00 mL、6.00 mL 及 7.00 mL 铂钴标准溶液，用水稀释至标线，混匀。各比色管的色度依次为 0 度、5 度、10 度、15 度、20 度、25 度、30 度、35 度、40 度、45 度、50

度、60 度和 70 度。密闭保存于暗处，温度不超过 30 ℃，可稳定一个月。

2．水样的测定：分取 50.0 mL 澄清透明水样于比色管中，如水样色度较大，可酌情少取水样，用水稀释至 50.0 mL。

3．另取试样测定 pH 值。

六、数据处理

$$色度 = A \times \frac{V_1}{V_0}$$

式中 A——水样稀释后相当于铂钴标准色列的色度；

V_1——水样稀释后的体积，mL；

V_0——水样稀释前的体积，mL。

【方法二】稀释倍数法

一、实验目的

掌握稀释倍数法测定水的色度的原理和方法。

二、实验原理

适用于有色工业废水的色度测定。将有色工业废水用光学纯水稀释到接近无色时，记录稀释倍数，以此表示该水样的色度，并用文字描述颜色性质，如深蓝色、棕黄色等。

三、实验仪器

1．实验室常用仪器。

2．50 mL 具塞比色管系列，其刻线高度应一致。

3．pH 计。

四、试剂

光学纯水。

五、实验步骤

1．取 100～150 mL 澄清水样置烧杯中，以白色瓷板为背景，观察并描述其颜色种类。

2．分取澄清的待测水样，用水稀释不同倍数，分别置于 50 mL 比色管中，管底部衬一白瓷板，观察稀释后水样的颜色，并与光学纯水相比较，直至刚好看不出颜色，记录此时的稀释倍数。

3．另取试样测定 pH 值。

六、思考题

1．水样浑浊时，为什么不能用滤纸过滤?

2．为什么测色度时要测定 pH 值?

3．铂钴比色法和稀释倍数法测定水的色度各适用于什么情况?

实验三 废水悬浮固体浓度的测定

一、实验目的

本实验所指悬浮固体是指残留在滤料上并于 103～105 ℃烘至恒重的固体。本实验的目的是让学生掌握水体中悬浮固体浓度的测定方法。

二、实验原理

将水样通过滤料后，烘干固体残留物及滤料，将所称质量减去滤料质量，即为悬浮固体（总不可滤残渣）的质量。

三、实验仪器

烘箱；分析天平；干燥器；滤膜（孔径为 0.45 μm）及相应的过滤仪器或中速定量滤纸；玻璃漏斗；称量瓶（内径为 30～50 mm）。

四、实验步骤

1．将滤膜放在称量瓶中，打开瓶盖，在 103～105 ℃ 烘干 2 h，取出，于干燥器中冷却后盖好瓶盖称重，直至恒重（两次称量相差不超过 0.0005 g）。

2．去除漂浮物后振荡水样，量取均匀适量水样（使悬浮物大于 2.5 mg），通过上面称至恒重的滤膜过滤；用蒸馏水洗残渣 3～5 次。如样品中含油脂，则用 10 mL 石油醚分两次淋洗残渣。

3．小心取下滤膜，放入原称量瓶内，在 103～105 ℃ 烘箱中，打开瓶盖烘干 2 h，冷却后盖好瓶盖称重，直至恒重为止。

五、数据处理

$$SS = (A-B) \times 1000 \times \frac{1000}{V}$$

式中 SS——悬浮固体浓度，mg/L；

A——悬浮固体＋滤膜及称量瓶质量，g；

B——滤膜及称量瓶质量，g；

V——水样体积，mL。

六、注意事项

1．树叶、木棒、水草等杂质应先从水中除去。

2．废水黏度高时，可加 2～4 倍蒸馏水稀释，振荡均匀，待沉淀物下降后再过滤。

3．也可采用石棉坩埚进行过滤。

七、思考题

1．根据水样悬浮固体浓度的测定结果，分析水样中固体物质的存在情况。

2．分析水样悬浮固体浓度的测定结果与烘干温度的关系。

实验四　化学需氧量（COD_{Cr}）的测定——重铬酸钾法

一、实验目的

掌握用重铬酸钾法测定化学需氧量的基本方法和原理。

二、实验原理

化学需氧量（COD），是指在一定条件下，用强氧化剂处理水样时所消耗氧化剂的量，以氧的浓度（单位：mg/L）来表示。化学需氧量反映了水样受还原性物质污染的程度。水中还原性物质包括有机物、亚硝酸盐、亚铁盐、硫化物等。水被有机物污染是很普遍的，因此化学需氧量也作为有机物相对含量的指标之一。测定水样的化学需氧量时，加入氧化剂的种类及浓度、反应溶液的酸度、反应温度和时间以及催化剂的有无，都会影响测定结果。因此，化学需氧量也是一个条件性指标，必须严格按操作步骤测定。

对于工业废水受还原性物质污染的程度，我国规定用重铬酸钾法，其测得值称为化学需氧量。在酸性溶液中，一定量的重铬酸钾氧化水样中的还原性物质，过量的重铬酸钾以试亚铁灵作指示剂，用硫酸亚铁铵溶液回滴。根据消耗硫酸亚铁铵溶液的量算出水样中还原性物质消耗氧的量。

酸性重铬酸钾氧化性极强，可氧化大分子有机物。以硫酸银作催化剂时，直链脂肪族化合物可被完全氧化，但芳香族化合物不易被氧化。氯离子能被重铬酸钾氧化，并能与硫酸银作用生成沉淀，影响测定结果。可加入硫酸汞，生成络合物，掩蔽干扰。当氯离子含量超过 2000 mg/L 的样品，应先进行定量稀释，使含量低于 2000 mg/L 后，再进行测定。

三、实验仪器

1．回流装置：24 mm 标准磨口 250 mL 或 500 mL 锥形瓶。球形回流冷凝管，长度为 30 cm。

2．加热装置：电热板、变阻电炉或煤气灯。

3．1000 mL 容量瓶，50 mL 酸式滴定管。

4．一般实验室常用玻璃仪器。

四、试剂

1．重铬酸钾标准溶液［$c(1/6\ K_2Cr_2O_7) = 0.2500\ mol/L$］：称取预先在 120 ℃

烘干 2 h 的基准或优级纯重铬酸钾 12.258 g 溶于水中，移入 1000 mL 容量瓶，稀释至标线，摇匀。

2．试亚铁灵指示剂：称取 1.49 g 邻菲啰啉（$C_{12}H_8N \cdot H_2O$）和 0.69 g 硫酸亚铁（$FeSO_4 \cdot 7H_2O$）溶于水中，稀释至 100 mL 贮于棕色瓶中。

3．硫酸亚铁铵标准溶液（$c[Fe(NH_4)_2(SO_4)_2 \cdot 6H_2O] = 0.1\ mol/L$）：称取 39.5 g 硫酸亚铁铵，溶于水中，加入 20 mL 浓硫酸，冷却后稀释至 1000 mL。临用时用重铬酸钾标准溶液标定。

标定方法：用移液管吸取 10.00 mL 重铬酸钾标准溶液于 500 mL 锥形瓶中，用水稀释至 110 mL 左右，加入 30 mL 浓硫酸，摇匀。冷却后滴加 2～3 滴试亚铁灵指示剂，用硫酸亚铁铵标准溶液滴定到颜色由黄色经蓝绿色刚好变为红褐色为止。

硫酸亚铁铵标准溶液的浓度 c，可由下式计算：

$$c[Fe(NH_4)_2(SO_4)_2] = \frac{0.2500 \times 10.00}{V}$$

式中　V——硫酸亚铁铵标准溶液的滴定用量，mL。

4．硫酸银-硫酸溶液：于 2500 mL 浓硫酸中加入 25 g 硫酸银，放置 1～2 天，不时振动使其溶解。

5．硫酸汞：结晶状或粉末。

6．浓硫酸。

五、实验步骤

1．取 20.00 mL 混合均匀的水样（或适量的水样稀释至 20.00 mL）置于 250 mL 磨口锥形瓶中，准确加入 10.00 mL 重铬酸钾标准溶液及数粒玻璃珠或沸石（防止暴沸），连接球形回流冷凝管，从冷凝管上口慢慢加入 30 mL 硫酸银-硫酸溶液，轻轻摇动锥形瓶使其混合均匀，加热回流 2 h。若水中氯离子浓度大于 30 mg/L，则先加 0.4 g 硫酸汞，再加 20.00 mL 水样（或将适量的水样稀释至 20.00 mL），摇匀，待硫酸汞溶解后再依次加入重铬酸钾 10.00 mL、30 mL 硫酸银-硫酸和数粒玻璃珠，加热回流 2 h。

2．冷却后，先用 80 mL 水冲洗冷凝管壁，然后取下锥形瓶。再用水稀释至 140 mL（溶液体积不应小于 140 mL，否则，因酸度太大，滴定终点不明显），加 2～3 滴试亚铁灵指示剂，用硫酸亚铁铵标准溶液滴定，到溶液颜色由黄色经蓝绿色变为红褐色为止。记录消耗的硫酸亚铁铵标准溶液的体积 V_1。

3．同时以 20.00 mL 蒸馏水作空白，其操作步骤和水样相同。记录消耗的硫酸亚铁铵标准溶液的体积 V_0。

六、数据处理

$$COD = (V_0 - V_1) \times c \times 8 \times 1000/V$$

式中 COD——化学需氧量，mg/L；

c——硫酸亚铁铵标准溶液浓度，mol/L；

V_1——水样消耗的硫酸亚铁铵标准溶液的体积，mL；

V_0——空白消耗的硫酸亚铁铵标准溶液的体积，mL；

V——水样的体积，mL；

8——1/2 氧（1/2 O）的摩尔质量，g/mol。

注意：化学需氧量的结果应保留三位有效数字。

七、注意事项

1．使用 0.4 g 硫酸汞络合氯离子的最高量可达 40 mg（即 m_{HgSO_4} ：m_{Cl^-} = 10：1），如取用 20.00 mL 水样，最高可络合 2000 mg/L 氯离子浓度的水样。若氯离子浓度较低，亦可以加入少量硫酸汞。实验中若出现少量氯化汞沉淀，并不影响测定。

2．水样取用体积可在 10.00～50.00 mL 范围之内，但试剂用量及浓度应按比例进行相应调整，也可得到满意结果。

3．对于 COD 小于 50 mg/L 的水样，应使用 0.0250 mol/L 重铬酸钾标准溶液。回流时用 0.01 mol/L 硫酸亚铁铵标准溶液。

4．水样加热回流后，溶液中重铬酸钾剩余量为加入量的 1/5～1/4 为宜。

5．回流时溶液颜色变绿，说明水样的 COD 太高，应酌情将水样稀释后重做。具体方法：对于 COD 高的废水样，可先取上述操作所需体积 1/10 的废水样和试剂，于 15 mm × 150 mm 硬质玻璃试管中，摇匀，加热后观察是否变成绿色。如溶液显绿色，再适当减少废水取样量，直到溶液不变绿色为止，从而确定废水样分析时应取用的体积。稀释时，所取废水样不得少于 5 mL，如果 COD 很高，则废水样应多次逐级稀释。

6．用邻苯二甲酸氢钾标准溶液检查试剂的质量和操作技术时，由于每克邻苯二甲酸氢钾的理论 COD_{Cr} 为 1.176 g，所以溶解 0.4251 g 邻苯二甲酸氢钾于蒸馏水中，转入 1000 mL 容量瓶，用重蒸馏水稀释至标线，使之成为 500 mg/L 的 COD_{Cr} 标准溶液，用时新配。

7．每次实验时，应对硫酸亚铁铵标准溶液进行标定。

实验五　化学需氧量的测定——快速消解分光光度法

一、实验目的

掌握用快速消解分光光度法测定化学需氧量（COD）的原理和方法。

二、适用范围

适用于地表水、地下水、生活污水和工业废水中化学需氧量（COD）的测定。

对未经稀释的水样，其 COD 测定下限为 15 mg/L，测定上限为 1000 mg/L，其氯离子质量浓度应小于 1000 mg/L。

对于 COD 大于 1000 mg/L 或氯离子含量大于 1000 mg/L 的水样，可经适当稀释后进行测定。

三、实验原理

试样中加入已知量的重铬酸钾溶液，在强硫酸介质中，以硫酸银作为催化剂，经高温消解后，用分光光度法测定 COD 值。

当试样中 COD 值为 100～1000 mg/L，在 600 nm±20 nm 波长处测定重铬酸钾被还原产生的三价铬的吸光度，试样中 COD 值与三价铬的吸光度的增加值成正比关系，将三价铬的吸光度换算成试样的 COD 值。

当试样中 COD 值为 15～250 mg/L，在 440 nm±20 nm 波长处测定重铬酸钾未被还原的六价铬和在 600 nm±20 nm 波长处测定被还原产生的三价铬吸光度；试样中 COD 值与六价铬的吸光度减少值成正比关系，与三价铬的吸光度增加值成正比关系，与总吸光度减少值成正比，将总吸光度值换算成试样的 COD 值。

四、试剂

本标准所用试剂除另有注明外，均应为符合国家标准的分析纯化学试剂，实验用水为新制备的去离子水或蒸馏水。

1．水：应符合 GB/T 6682 一级水的相关要求。

2．浓硫酸：ρ（H_2SO_4）= 1.84 g/mL。

3．硫酸溶液（1 + 9）：将 100 mL 浓硫酸（ρ = 1.84 g/mL）沿烧杯壁慢慢加入 900 mL 水中，搅拌混匀，冷却备用。

4．硫酸银-硫酸溶液［c（Ag_2SO_4）= 10 g/L］：将 5.0 g 硫酸银加入 500 mL

浓硫酸（ρ = 1.84 g/mL）中，静置 1～2 d，搅拌，使其溶解。

5．硫酸汞溶液［c（$HgSO_4$）= 0.2 g/mL］：将 48.0 g 硫酸汞分次加入 200 mL 上述（1 + 9）硫酸溶液中，搅拌溶解，此溶液可稳定保存 6 个月。

6．重铬酸钾（$K_2Cr_2O_7$）：优级纯。

7．重铬酸钾标准溶液

（1）重铬酸标准钾溶液 1［c（1/6 $K_2Cr_2O_7$）= 0.5 mol/L］：将重铬酸钾（优级纯）在 120 ℃±2 ℃ 下干燥至恒重后，称取 24.5154 g 重铬酸钾（优级纯）置于烧杯中，加入 600 mL 水，边搅拌边慢慢加入 100 mL 浓硫酸，溶解冷却后，转移至 1000 mL 容量瓶中，用水稀释至标线，摇匀。溶液可稳定保存 6 个月。

（2）重铬酸钾标准溶液 2［c（1/6 $K_2Cr_2O_7$）= 0.160 mol/L］：将重铬酸钾（优级纯）在 120 ℃±2 ℃ 下干燥至恒重后，称取 7.8449 g 重铬酸钾（优级纯）置于烧杯中，加入 600 mL 水，边搅拌边慢慢加入 100 mL 浓硫酸，溶解冷却后，转移至 1000 mL 容量瓶中，用水稀释至标线，摇匀。溶液可稳定保存 6 个月。

（3）重铬酸钾标准溶液 3［c（1/6 $K_2Cr_2O_7$）= 0.120 mol/L］：将重铬酸钾（优级纯）在 120 ℃±2 ℃ 下干燥至恒重后，称取 5.8837 g 重铬酸钾（优级纯）置于烧杯中，加入 600 mL 水，边搅拌边慢慢加入 100 mL 浓硫酸，溶解冷却后，转移至 1000 mL 容量瓶中，用水稀释至标线，摇匀。溶液可稳定保存 6 个月。

8．预装混合试剂

（1）在一支消解管中，按表 1 的要求加入重铬酸钾溶液、硫酸汞溶液和硫酸银-硫酸溶液，拧紧盖子，轻轻摇匀，冷却至室温，避光保存。在使用前应将混合试剂摇匀。

表 1　预装混合试剂及方法（试剂）标识

<table>
<tr><th>测定方法</th><th>测定范围/（mg/L）</th><th>重铬酸钾溶液用量/mL</th><th>硫酸汞溶液用量/mL</th><th>硫酸银-硫酸溶液用量/mL</th><th>消解管规格/mm</th></tr>
<tr><td rowspan="4">比色池（皿）分光光度法</td><td rowspan="2">高量程 100～1000</td><td rowspan="2">1.00［c（1/6 K₂Cr₂O₇）= 0.5 mol/L］</td><td rowspan="2">0.50</td><td rowspan="2">6.00</td><td>ϕ20×120</td></tr>
<tr><td>ϕ16×150</td></tr>
<tr><td rowspan="2">低量程 15～250 或 15～150</td><td rowspan="2">1.00［c（1/6 K₂Cr₂O₇）= 0.160 mol/L 或 c（1/6 K₂Cr₂O₇）= 0.120 mol/L］</td><td rowspan="2">0.50</td><td rowspan="2">6.00</td><td>ϕ20×120</td></tr>
<tr><td>ϕ16×150</td></tr>
<tr><td rowspan="4">比色管分光光度法</td><td rowspan="2">高量程 100～1000</td><td rowspan="2" colspan="2">1.00 重铬酸钾溶液［c（1/6 K₂Cr₂O₇）= 0.5 mol/L］+ 硫酸汞溶液［c（HgSO₄）= 0.2 g/mL］（2+1）</td><td rowspan="2">4.00</td><td>ϕ16×120</td></tr>
<tr><td>ϕ16×100</td></tr>
<tr><td rowspan="2">低量程 15～150</td><td rowspan="2" colspan="2">1.00 重铬酸钾溶液［c（1/6 K₂Cr₂O₇）= 0.120 mol/L］+ 硫酸汞溶液［c（HgSO₄）= 0.2 g/mL］（2+1）</td><td rowspan="2">4.00</td><td>ϕ16×120</td></tr>
<tr><td>ϕ16×100</td></tr>
</table>

（2）配制不含汞的预装混合试剂，用硫酸溶液（1 + 9）代替硫酸汞溶液，按照方法（1）进行。

（3）预装混合试剂在常温避光条件下，可稳定保存 1 年。

9．邻苯二甲酸氢钾［$C_6H_4(COOH)(COOK)$］：基准级或优级纯。

1 mol 邻苯二甲酸氢钾［$C_6H_4(COOH)(COOK)$］可以被 30 mol 重铬酸钾（1/6 $K_2Cr_2O_7$）完全氧化，其化学需氧量相当于 30 mol 的氧（1/2 O）。

10．邻苯二甲酸氢钾 COD_{Cr} 标准贮备液：

（1）COD_{Cr} 标准贮备液 1：COD 值 5000 mg/L。

将邻苯二甲酸氢钾在 105～110 ℃ 下干燥至恒重后，称取 2.1274 g 邻苯二甲酸氢钾溶于 250 mL 蒸馏水中，转移此溶液于 500 mL 容量瓶中，用蒸馏水稀释至标线，摇匀。此溶液在 2～8 ℃ 下贮存，或在定容前加入约 10 mL 硫酸溶液（1+9），常温贮存，可稳定保存一个月。

（2）COD_{Cr} 标准贮备液 2：COD 值 1250 mg/L。

量取 50.00 mL COD_{Cr} 标准贮备液 1 置于 200 mL 容量瓶中，用蒸馏水稀释至标线，摇匀。此溶液在 2～8 ℃ 下贮存，可稳定保存一个月。

（3）COD_{Cr} 标准贮备液 3：COD 值 625 mg/L。

量取 25.00 mL COD_{Cr} 标准贮备液 1（COD 值为 5000 mg/L）置于 200 mL 容量瓶中，用水稀释至标线，摇匀。此溶液在 2～8 ℃下贮存，可稳定保存一个月。

11．邻苯二甲酸氢钾 COD_{Cr} 标准系列使用液：

（1）高量程（测定上限 1000 mg/L）COD_{Cr} 标准系列使用液：COD 值分别为 100 mg/L、200 mg/L、400 mg/L、600 mg/L、800 mg/L 和 1000 mg/L。

分别量取 5.00 mL、10.00 mL、20.00 mL、30.00 mL、40.00 mL 和 50.00mL 的 COD_{Cr} 标准贮备液 1（COD 值为 5000 mg/L），加入相应的 250 mL 容量瓶中，用水定容至标线，摇匀。此溶液在 2～8 ℃ 下贮存，可稳定保存一个月。

（2）低量程（测定上限 250 mg/L）COD_{Cr} 标准系列使用液：COD 值分别为 25 mg/L、50 mg/L、100 mg/L、150 mg/L、200 mg/L 和 250 mg/L。

分别量取 5.00 mL、10.00 mL、20.00 mL、30.00 mL、40.00 mL 和 50.00 mL COD_{Cr} 标准储备液 2（COD 值为 1250 mg/L）加入相应的 250 mL 容量瓶中，用水稀释至标线，摇匀。此溶液在 2～8 ℃下贮存，可稳定保存一个月。

（3）低量程（测定上限 150 mg/L）COD_{Cr} 标准系列使用液：COD 值分别为 25 mg/L、50 mg/L、75 mg/L、100 mg/L、125 mg/L 和 150 mg/L。

分别量取 10.00 mL、20.00 mL、30.00 mL、40.00 mL、50.00 mL 和 60.00 mL

COD_{Cr}标准贮备液 3（COD 值为 625 mg/L）加入相应的 250 mL 容量瓶中，用蒸馏水稀释至标线，摇匀。此溶液在 2～8 ℃ 下贮存，可稳定保存一个月。

12．硝酸银溶液［c（$AgNO_3$）= 0.1 mol/L］：将 17.1 g 硝酸银溶于 1000 mL 水。

13．铬酸钾溶液［ρ（K_2CrO_4）= 50 g/L］：将 5.0 g 铬酸钾溶解于少量水中，滴加硝酸银溶液［c（$AgNO_3$）=0.1 mol/L］至有红色沉淀生成，摇匀，静置 12 h，过滤并用水将滤液稀释至 100 mL。

五、实验步骤

（一）水样采集与保存

水样采集不少于 100 mL，保存在洁净的玻璃瓶中。采集好的水样在 24 h 内测定，否则应加入浓硫酸调节水样 pH 值≤2。在 0～4 ℃保存，一般可保存 7 天。

应将水样在搅拌均匀时取样稀释，一般取被稀释水样不少于 10 mL，稀释倍数小于 10 倍。水样应逐次稀释为试样。

初步判定水样的 COD 质量浓度，选择对应量程的预装混合试剂（见上述"四、8"），加入相应体积的试样，摇匀，在 165 ℃±2 ℃加热 5 min，检查管内溶液是否呈现绿色，如变绿应重新稀释后再进行测定。

（二）测定条件的选择

分析测定条件见表 2。宜选用比色管分光光度法测定水样中的 COD。比色池（皿）分光光度法选用 ϕ20 mm × 150 mm 规格的消解管时，消解可在非密封条件下进行；比色管分光光度法选用 ϕ16 mm × 150 mm 规格的消解管时，消解可在非密封条件下进行。

表 2　分析测定条件

测定方法	测定范围 /（mg/L）	试样用量 /mL	比色池（皿）或比色管规格/mm	测定波长 /nm	检出限 /（mg/L）
比色池（皿）分光光度法	高量程 100～1000	3.00	20①	600±20	22
	低量程 15～250 或 15～150	3.00	10①	440±20	3.0
比色管分光光度法	高量程 100～1000	2.00	ϕ16 × 120②	600±20	33
			ϕ16 × 100②		
	低量程 15～150	2.00	ϕ16 × 120②	440±20	2.3
			ϕ16 × 100②		

① 长方形比色池（皿）。

② 比色管为密封管，外径 ϕ16 mm、壁厚 1.3 mm、长 120 mm 密封消解管消解时冷却效果较好。

（三）分析步骤

1．绘制校准曲线。

2．打开加热器，预热到设定的温度 165 ℃±2 ℃。

3．选定预装混合试剂（见上述“四、8”），摇匀试剂后再拧开消解管管盖。

（1）量取相应体积的 COD_{Cr} 标准系列使用液（试样）沿管内壁慢慢加入管中。

（2）拧紧消解管管盖，手执管盖颠倒摇匀消解管中溶液，用无毛纸擦净管外壁。

（3）将消解管放入 165 ℃±2 ℃加热器的加热孔中，加热器温度略有降低，待温度升到设定的 165 ℃±2 ℃时，计时加热 15 min。

（4）从加热器中取出消解管，待消解管冷却至 60 ℃左右时，手执管盖颠倒摇动消解管几次，使管内溶液均匀，用无毛纸擦净管外壁，静置，冷却至室温。

（5）高量程方法：在 600 nm±20 nm 波长处，以水作为参比液，用光度计测定吸光度值。

（6）低量程方法：在 440 nm±20 nm 波长处，以水作为参比液，用光度计测定吸光度值。

（7）高量程 COD 标准系列：使用待测溶液 COD 值对应其测定的吸光度值减去空白试验测定的吸光度值的差值，绘制校准曲线。

（8）低量程 COD 标准系列：使用待测溶液 COD 值对应空白试验测定的吸光度值减去其测定的吸光度值的差值，绘制校准曲线。

4．空白试验

用水代替试样，按照上述“五、（三）3.”中步骤（1）～（8）测定其吸光度值，空白试验应与试样同时测定。

5．试样的测定

按照表 1 和表 2 方法的要求选定对应的预装混合试剂（见上述“四、8”），将已稀释好的试样在搅拌均匀后，取相应体积的试样。

按照上述“五、（三）3.”中步骤（1）～（8）进行测定。

若试样中含有氯离子时，选用含汞预装混合试剂［见上述“四、8”中步骤（1）］进行氯离子的掩蔽。

在加热消解前，应颠倒摇动消解管，使氯离子与 Ag_2SO_4 易形成 AgCl 白色乳状块消失。

若消解液浑浊或有沉淀，影响比色测定时，应使用离心机离心变清后，再用分光光度计测定。若消解液颜色异常或离心后不能变澄清的样品不适用本测定方法。

若消解管底部有沉淀影响比色测定时，应小心将消解管中上清液转入比色池（皿）中测定。

测定的COD值由相应的校准曲线查得，或由分光光度计自动计算得出。

六、数据处理

在600 nm±20 nm波长处测定时，水样COD的计算：

$$\rho（COD）= n[k(A_s - A_b) + a]$$

在440 nm±20 nm波长处测定时，水样COD的计算：

$$\rho（COD）= n[k(A_b - A_s) + a]$$

式中 ρ（COD）——水样的COD值，mg/L；

n——水样稀释倍数；

k——校准曲线灵敏度；

A_s——试样测定的吸光度，无量纲；

A_b——空白试验测定的吸光度，无量纲；

a——校准曲线截距，mg/L。

注：COD测定值一般保留三位有效数字。

七、注意事项

干扰及消除：氯离子是主要的干扰成分，水样中含有氯离子会使测定结果偏高，加入适量硫酸汞与氯离子形成可溶性氯化汞配合物，可减少氯离子的干扰，选用低量程方法测定COD，也可减少氯离子对测定结果的影响。

实验六　溶解氧的测定方法

【方法一】碘量法

一、实验目的

1．了解溶解氧的基本测定方法。

2．掌握碘量法测定溶解氧的基本原理和过程。

二、实验原理

水样中加入 $MnSO_4$ 和碱性 KI 反应生成 $Mn(OH)_2$ 沉淀，$Mn(OH)_2$ 极不稳定，与水中溶解氧（DO）反应生成碱性氧化锰 $MnO(OH)_2$ 棕色沉淀，将溶解氧固定（溶解氧将 Mn^{2+} 氧化为 Mn^{4+}）。

$$MnSO_4 + 2NaOH = Mn(OH)_2\downarrow + Na_2SO_4$$

$$2Mn(OH)_2 + O_2 = 2MnO(OH)_2\downarrow \text{（棕）}$$

再加入浓 H_2SO_4，使沉淀溶解，同时 Mn^{4+} 被溶液中 KI 的 I^- 还原为 Mn^{2+} 而析出 I_2，即

$$MnO(OH)_2 + 2H_2SO_4 + 2KI = MnSO_4 + I_2 + K_2SO_4 + 3H_2O$$

最后用 $Na_2S_2O_3$ 标液滴定 I_2，以确定溶解氧浓度（即 DO）。

$$2Na_2S_2O_3 + I_2 = Na_2S_4O_6 + 2NaI$$

三、实验仪器

移液管，250 mL 碘量瓶，1000 mL 容量瓶，烧杯及其他实验室常用仪器。

四、试剂

1．$MnSO_4$ 溶液：称取 480 g $MnSO_4\cdot 4H_2O$ 或 360 g $MnSO_4\cdot H_2O$，用水稀释至 1000 mL。此溶液加入酸化过的 KI 溶液中，遇淀粉不变蓝。

2．碱性 KI 溶液：称取 500 g NaOH 溶于 300～400 mL 水中，另称取 150 g KI（或 135 g NaI）溶于 200 mL 水中。待 NaOH 溶液冷却后，将两溶液合并、混匀用水稀释到 1000 mL。如有沉淀，放置过夜，倾出上清液，贮于棕色瓶中，用橡皮塞塞紧，避光保存。此溶液酸化后，遇淀粉不变蓝。

3．淀粉溶液（1 g/L）：称取 1 g 可溶性淀粉，用少量水调成糊状，用刚煮

沸的水冲稀到 1000 mL。

4. 重铬酸钾标准液[$c(1/6\ K_2Cr_2O_7)=0.02500$ mol/L]：将 $K_2Cr_2O_7$ 于 105～110 ℃烘干 2 h，冷却后称取 1.2259 g 溶于水，移入 1000 mL 容量瓶，稀释至刻度。

5. H_2SO_4 溶液（1 + 5）：将 100 mL 浓硫酸缓慢沿玻璃棒倒入 500 mL 蒸馏水中，边倒边搅拌。

6. $Na_2S_2O_3$ 溶液（0.0125 mol/L）：称取 3.1 g $Na_2S_2O_3 \cdot 5H_2O$ 并溶于煮沸放冷的水中，加入 0.1 g Na_2CO_3 用水稀释至 1000 mL，贮于棕色瓶中。使用前用 0.02500 mol/L 重铬酸钾标准液标定。于 250 mL 碘量瓶中，加入 100 mL 水和 1g KI，加入 10.00 mL 0.02500 mol/L 重铬酸钾标准液，8 mL H_2SO_4 溶液（1 + 5），密塞摇匀，于暗处静置 5 min，用待标定的 $Na_2S_2O_3$ 溶液滴定至溶液呈淡黄色，加入 1 mL 淀粉，继续滴定至蓝色刚好褪去。

$$c(Na_2S_2O_3)=\frac{10.00\times 0.02500}{V}$$

式中 V——消耗 $Na_2S_2O_3$ 的体积，mL。

7. 浓硫酸：$\rho(H_2SO_4)=1.84$ g/mL 。

五、实验步骤

1. 用移液管插入瓶内液面以下，加入 1 mL $MnSO_4$ 溶液和 2 mL 碱性 KI 溶液，有沉淀生成。

2. 颠倒摇动溶解氧瓶，使沉淀完全混合，静置，等沉淀降至瓶底。

3. 加入 2 mL 浓 H_2SO_4 盖紧，颠倒摇动均匀，待沉淀全部溶解后（不溶则多加浓 H_2SO_4）移至暗处静置 5 min。

4. 用移液管移取 100.0 mL 静置后的水样于 250 mL 碘量瓶中，用 0.0125 mol/L $Na_2S_2O_3$ 滴定至微黄色，再加入 1 mL 淀粉溶液，继续滴定至蓝色刚好褪去为止，记下 $Na_2S_2O_3$ 的耗用量 V（mL）。

六、数据处理

$$\text{DO}(\text{mg/L})=\frac{cV\times 8\times 1000}{100}$$

式中 c——硫代硫酸钠溶液的浓度，mol/L；

V——滴定时消耗硫代硫酸钠溶液的体积，mL。

【方法二】电极法（便携式溶氧仪）

一、实验目的

1. 了解溶解氧的测定方法。

2. 熟悉和掌握便携式溶氧仪的使用方法。

二、实验原理

氧敏感薄膜由两个与支持电解质相接触的金属电极及选择性薄膜组成。薄膜只能透过氧和其他气体，水和可溶解物质不能透过。透过膜的氧气在电极上还原，产生微弱的扩散电流，在一定温度下其大小与水样溶解氧含量成正比。

三、适用范围

电极法的测定下限取决于所用的仪器，一般适用于溶解氧大于 0.1 mg/L 的水样。水样有色、含有可与碘反应的有机物时，不宜用碘量法及其修正法测定，可用电极法。但水样中含有氯、二氧化硫、碘、溴的气体或蒸气，可能干扰测定，需要经常更换薄膜或校准电极。

四、实验仪器与试剂

1. 溶解氧测定仪：仪器分为原电池式和极谱式（外加电压）两种。

2. 温度计：精确至 0.5 ℃。

3. 实验室常用仪器。

4. 亚硫酸钠；二价钴盐（$CoCl_2 \cdot 6H_2O$）。

五、实验步骤

（一）测试前的准备

1. 探头装配：取出测定探头，装配探头入测定主杆上，并旋转探头盖，小心取下薄膜，仔细加入所需的电解质，并同步检查装入电解质后是否出现大小气泡。如果出现大气泡，需要重新装电解质。对于使用过的探头，要检查探头膜内是否有气泡或铁锈状物质。必要时，需取下薄膜重新装配。

2. 零点校正：将探头浸入每升含 1 g 亚硫酸钠和 1 mg 钴盐的水中，进行校零。

3. 校准：按仪器说明书要求校准，或量取 500 mL 蒸馏水，其中一部分虹吸入溶解氧瓶中，用碘量法测其溶解氧含量。将探头放入该蒸馏水中（防止曝气充氧），调节仪器到碘量法测定数值上。当仪器无法校准时，应更换电解质和氧敏感薄膜。在使用中采用空气校准或适宜水温校准，具体对照使用说明书。

（二）水样的测定

按便携式溶氧仪使用说明书进行，并注意温度补偿。

六、注意事项

1. 原电池式仪器接触氧气可自发进行反应，因此在不测定时，电极探头要保存在无氧环境中并使其短路，以免消耗电极材料，影响测定。对于极谱式仪器的探头，不使用时应放置在潮湿环境中，以防止电解质溶液蒸发。

2. 不能用手触摸探头薄膜表面。

3. 更换电解质和膜后，或膜干燥时，要使膜湿润，待读数稳定后再进行校准。

4. 如水样中含有藻类、硫化物、碳酸盐等物质，长期与膜接触可能使膜堵塞或损坏。

实验七　生化需氧量的测定

一、实验目的

1．了解生化需氧量（BOD_5）测定的意义及稀释法测 BOD_5 的基本原理。

2．掌握本方法操作技能，如稀释水的制备、稀释倍数的选择、稀释水的校核和溶解氧的测定。

二、实验原理

生化需氧量是指在规定条件下，微生物分解水中存在有机物的生物化学过程中所消耗的溶解氧。生物分解有机物是一个缓慢的过程，要把可分解的有机物全部分解掉通常需要 100 天。目前，国内外普遍采用 20 ℃±1 ℃培养 5 天分别测定培养前后的溶解氧，二者之差即为 BOD_5 值，以氧的浓度表示。

在实际测定时，只有某些天然水中溶解氧接近饱和，BOD_5 小于 4 mg/L 的情况，可以直接培养测定。对于大部分污水和严重污染的天然水要稀释后培养测定。稀释的目的是降低水样中有机物的浓度，使整个分解过程在足够溶解氧条件下进行。稀释程度应使培养水样中所消耗的溶解氧大于 2 mg/L，而剩余溶解氧在 1 mg/L 以上。

为了保证培养的水样中有足够的溶解氧，稀释水要充至饱和或接近饱和。为此，采用将蒸馏水放置较长时间或人工曝气的办法使溶解氧达到饱和。稀释水中应加入一定量的无机营养物质（磷酸盐、钙、镁、铁、铵盐等），以保证微生物生长的需要。

对于不含或含有少量微生物的工业废水，包括酸性废水、碱性废水、高温废水或经过氯化处理的废水，在测定 BOD_5 时应进行接种，以引入能分解废水中有机物的微生物。当废水中存在难以被一般生活污泥中的微生物以正常速度降解的有机物或有剧毒物时，应将驯化后的微生物引入水样中进行接种。

三、适用范围

本法适合用于测定 BOD_5 大于或等于 2 mg/L，最大不超过 1000 mg/L 的水样。当水样 BOD_5 太大时，会因稀释带来一定的误差。

四、实验仪器

1．恒温培养箱。

2．20 L 细口玻璃瓶。

3．1000 mL 量筒。

4．玻璃搅棒：棒的长度应比所用量筒筒高长 200 mm。在棒的底端固定一个直径比量筒底直径小并带有几个小孔的硬橡胶板。

5．其他仪器和碘量法测定溶解氧时相同。

五、试剂

1．测定溶解氧所需试剂。

2．氯化钙溶液：称取 27.5 g 氯化钙溶于水中，稀释至 1000 mL。

3．硫酸镁溶液：称取 22.5 g 硫酸镁溶于水中，稀释至 1000 mL。

4．三氯化铁溶液：称取 0.25 g 三氯化铁溶于水中，稀释至 1000 mL。

5．磷酸盐缓冲溶液：称取 8.5 g 磷酸二氢钾、21.75 g 磷酸氢二钾、33.4 g 磷酸氢二钠和 1.7 g 氯化铵溶于水中，稀释至 1000 mL。此缓冲溶液的 pH 值应为 7.2。

6．稀释水：在 20 L 的大玻璃瓶中装入一定量的蒸馏水（含铜量小于 0.01 mg/L），控制水温在 20 ℃左右。用泵均匀连续通入经活性炭过滤的空气 2～8 h，使水中溶解氧接近饱和，然后用两层清洁的纱布盖在瓶口，置于 20 ℃培养箱中数小时，临用前按照每升水中加入氯化钙溶液、硫酸镁溶液、三氯化铁溶液及磷酸盐缓冲溶液各 1 mL 的比例配制稀释水，混匀。稀释水的 pH 值应为 7.2，其 BOD_5 应小于 0.2 mg/L。

7．接种液：可选用以下任意一种接种液。

（1）生活污水，在室温下放置一昼夜，取上清液使用。

（2）污水处理厂或生化处理的出水。

（3）表层土壤浸出液，取 100 g 花园或植物生长土壤，加入水，混合并静置 10 min，取上层清液使用。

（4）含城市污水的湖水或河水。

（5）当废水中含有难降解物质时，取其排污口下游 3～8 km 水样作为废水的驯化接种液，或采取人工驯化法，在生活污水中每天加入少量的该种废水连续曝气使能适应该种废水的微生物大量繁殖。当水中出现大量絮状物，或检查其 COD 值降低明显时，表明适用的微生物已经繁殖，可用作接种液，一般驯化过程需 3～8 天。

8．接种稀释水：接种稀释水的 pH 值应为 7.2，BOD_5 应小于 0.2 mg/L。

在每升稀释水中，每种接种液的加入量为：生活污水 1～10 mL，表层土壤浸出液 20～30 mL，河水或湖水 10～100 mL，生化处理水 1～3 mL。

六、实验步骤

（一）水样的预处理

1．水样的 pH 值需调整在 6.5～7.5 范围；

2．如水样中含少量的游离氯，需放置 1～2 h 消除游离氯或加入定量的亚硫酸钠溶液除去；

3．如水样中含有毒物质，可使用经驯化的微生物接种液。

（二）不经稀释水样的测定

溶解氧含量较高、有机物含量较少的地表水样，可不经稀释而直接以虹吸法，将约 20 ℃的水样（原始地表水样，每升含 1 mL 各种无机营养物）转移至两个溶解氧瓶内，转移过程中应注意不使其产生气泡。以同样的操作使两个溶解氧瓶内充满水样后溢出少许，加盖，瓶内不应有气泡。其中一瓶测当天的溶解氧，另一瓶放入培养箱，瓶口水封，在 20 ℃±1 ℃ 下培养 5 天，在培养过程中注意添加封口水。从放入培养箱起计算，经过 5 昼夜后，弃去封口水，测定剩余溶解氧。

（三）经稀释水样的测定

1．稀释倍数的测定

根据实践经验，估计 BOD_5 的可能值，再围绕预期的 BOD_5 做几种不同的稀释比，最后从所得测定结果中选取合乎要求者，取平均值。

2．稀释操作

按照选定的稀释比例，用虹吸法沿筒壁先引入部分稀释水（或接种稀释水）于 1000 mL 量筒中，加入需要量混匀水样，再引入稀释水至 700～800 mL，用特殊搅拌器小心上下搅匀，防止产生气泡。

按与不经稀释水样的测定相同的操作步骤，进行装瓶，测定当天溶解氧和培养 5 天后的溶解氧。

另取两个溶解氧瓶，用虹吸法装满稀释水（或接种稀释水）作为空白对照，测定培养 5 天前后的溶解氧。

七、数据处理

1．不经稀释直接培养的水样

$$BOD_5 = DO_1 - DO_5$$

式中　DO_1——水样在培养前的溶解氧浓度，mg/L；

DO_5——水样经过 5 天培养后，剩余溶解氧浓度，mg/L。

2. 经稀释后培养的水样

$$BOD_5 = [(DO_1 - DO_5) - (B_1 - B_5)f_1]/f_2$$

式中 DO_1——水样在培养前的溶解氧浓度，mg/L；

DO_5——水样经过 5 天培养后，剩余溶解氧浓度，mg/L；

B_1——稀释用水（或接种稀释水）在培养前的溶解氧，mg/L；

B_5——稀释用水（或接种稀释水）在培养后的溶解氧，mg/L；

f_1——稀释用水（或接种稀释水）在培养液中所占比例；

f_2——待测水样在培养液中所占比例。

关于 f_1, f_2 的计算：例如培养液的稀释倍数为 10 倍，即 10 份待测水样，90 份稀释用水，则 $f_1 = 0.90$，$f_2 = 0.10$。又例如培养液的稀释倍数为 35 倍，即 1 份待测水样，加 34 份稀释用水，则 $f_1 = 34/35$，$f_2 = 1/35$。

八、注意事项

1. 水样的稀释倍数还可以由重铬酸钾法测得 COD 值估计：对于一般易于生化的有机物，20 ℃经 5 天培养期的 BOD_5/COD = 0.7 左右，因此可以根据 COD 值×0.7 估算 BOD_5 值。又根据 20 ℃饱和溶解氧为 9 mg/L 左右，如果消耗溶解氧为 3 mg/L 时，估算稀释倍数 = BOD_5/3 mg/L；或消耗溶解氧为 4 mg/L 时，估算稀释倍数 = BOD_5/4 mg/L；消耗溶解氧为 5 mg/L 时，则估算稀释倍数 = BOD_5/5 mg/L。由这三个稀释倍数来进行稀释。例如 COD = 400 mg/L，则估算 BOD_5 = 280 mg/L，进一步估算出稀释倍数为 90 倍、70 倍、50 倍。

2. 在两个或三个稀释比的样品中，凡消耗溶解氧大于 2 mg/L 和剩余溶解氧小于 1 mg/L 时，计算结果应取其平均值。若剩余的溶解氧很小甚至为零时，应加大稀释比。溶解氧消耗量小于 2 mg/L，存在两种可能，一种是稀释倍数过大，另一种可能是微生物菌种不适应，活性差，或含毒性物质浓度过大，这时可能会出现，在几个稀释比中稀释倍数大的消耗溶解氧反而较多的现象。

3. 为检查稀释水接种液的质量以及化验人员操作水平，常用葡萄糖-谷氨酸标准溶液（配制方法：称取在 103 ℃干燥 1 h 的葡萄糖和谷氨酸各 150 mg 溶于水中，移入 1000 mL 容量瓶中稀释至 1000 mL），按测定 BOD_5 的步骤操作，测得的 BOD_5 应在 180～230 mg/L 之间。

4. 水样稀释倍数超过 100 倍时，应预先在容量瓶中用水初步稀释后，再进行最后稀释倍数的确定。

实验八　工业废水中铬的价态分析

一、实验目的

1．了解与熟悉有害元素铬（Cr）的分析方法。

2．学会使用分光光度计。

二、实验原理

铬存在于电镀、冶炼、制革、纺织、制药等工业废水污染的水体中。富铬地区地表水径流中含有铬。自然形成的铬常以单质或三价离子（Cr^{3+}）状态存在，水中的铬有三价（Cr^{3+}）和六价（Cr^{6+}）两种价态。三价铬和六价铬对人体健康都有害。一般认为，六价铬的毒性强，易为人体吸收且可在体内蓄积。饮用含六价铬的水可引起人体内部组织的损坏，六价铬也可使水生生物死亡，抑制水体的自净作用。用含铬的水灌溉农作物，铬会富集于果实中。

铬的测定可采用比色法、原子吸收分光光度法和容量法。当使用二苯碳酰二肼比色法测定铬时可直接比色测定六价铬。如果先将三价铬氧化成六价铬后再比色测定就可测得水中的总铬含量。水样中铬含量较高时，可利用硫酸亚铁铵容量法测定其含量。受轻度污染的地表水中的六价铬，可直接用比色法测定。污水和含有机物的水样可使用氧化比色法测定总铬含量。水样中的三价铬用高锰酸钾氧化为六价铬，过量的高锰酸钾用亚硝酸钠分解，过剩的亚硝酸钠为尿素所分解，得到的清液用二苯碳酰二肼显色，测定总铬含量。本法最低检出浓度为 0.004 mg/L，检出上限浓度为 0.2 mg/L。

三、实验仪器

1．分光光度计。

2．150 mL 锥形瓶。

3．50 mL 比色管。

4．其他实验室常用仪器。

四、试剂

1．（1+1）硫酸：将浓硫酸（$\rho = 1.84$ g/mL）缓缓倒入同体积水中，边倒边搅拌（切记是将酸加入水中，而非水加入酸中，以防止剧烈放热导致的危险），混匀。

2．（1+1）磷酸：将磷酸（$\rho = 1.874$ g/mL）与等体积水混合。

3．4%高锰酸钾溶液：称取高锰酸钾 4 g，置于烧杯中，加入 100 mL 水，在加热（煮沸约 1 h）和搅拌下溶于水，然后加水（因为煮沸，溶解后会少于 100 mL）稀释至 100 mL。

4．20%尿素溶液：将尿素 20 g 溶于水并稀释至 100 mL。

5．2%亚硝酸钠溶液：将亚硝酸钠 2 g 溶于水并稀释至 100 mL。

6．二苯碳酰二肼溶液：溶解 0.2 g 二苯碳酰二肼于 50 mL 丙酮中，加水稀释至 100 mL，摇匀，贮于棕色瓶中并置于冰箱低温保存。颜色变深后不能使用。

7．铬标准贮备液：溶解 141.4 mg 预先在 105～110 ℃烘干的重铬酸钾于水中，转入 1000 mL 容量瓶中，加水稀释至标线，此溶液每毫升含 50.0 μg 六价铬。

8．铬标准溶液：吸取 20.00 mL 铬标准贮备液至 1000 mL 容量瓶中，加水稀释到标线，此溶液含六价铬 1.00 μg/mL，临用时配制。

五、实验步骤

1．标准曲线的绘制：取 6 支 50 mL 的比色管，吸取 0.00 mL、1.00 mL、2.00 mL、4.00 mL、6.00 mL、8.00 mL 的铬标准溶液，用水稀释至标线，加（1+1）硫酸 0.5 mL、（1+1）磷酸 0.5 mL，摇匀，加入 2 mL 二苯碳酰二肼，摇匀。静置 10 min，以水作为参比，在 540 nm 波长下，比色测定吸光度值。绘制吸光度对六价铬含量的标准曲线。

2．六价铬的测定：取 50.00 mL 水样于比色管中，加入（1+1）硫酸 0.5 mL、（1+1）磷酸 0.5 mL，摇匀，加入 2 mL 二苯碳酰二肼，摇匀。静置 10 min，以水作为参比，在 540 nm 波长下比色测定吸光度值。根据标准曲线计算六价铬含量。

3．总铬的测定：取 50 mL 水样于锥形瓶中（调节 pH 值），加入（1+1）硫酸 0.5 mL、（1+1）磷酸 0.5 mL，摇匀。滴加 4%高锰酸钾溶液至溶液保持紫红色，加热煮沸至 20 mL，冷却。加入 1 mL 20%尿素溶液，摇匀，滴加亚硝酸钠至紫红色消失。转移至 50 mL 比色管中，用水稀释至标线，加入 2 mL 二苯碳酰二肼，摇匀。静置 10 min，以水为参比，在 540 nm 波长下比色测定吸光度。根据标准曲线计算六价铬含量。

六、结果与讨论

1．总铬浓度（Cr，mg/L）= 测得铬量（μg）/水样体积（mL）。

2．还原过量的高锰酸钾溶液时，应先加尿素溶液，后加亚硝酸钠溶液，为什么?

3．使用分光光度计应注意哪些事项?

实验九　水中挥发酚类的测定[1]

【方法一】4-氨基安替比林分光光度法

一、实验目的

1. 掌握用蒸馏法预处理水样的方法和用分光光度法测定挥发酚的实验技术。

2. 了解分析实验测定准确度的影响因素以及如何消除影响的技术方法。

二、实验原理

挥发酚指能随水蒸气蒸馏出并能和 4-氨基安替比林反应生成有色化合物的挥发性酚类化合物，结果以苯酚计。挥发酚属高毒物质。生活饮用水和Ⅲ类地表水水质限值均为 0.002 mg/L，污水中最高允许排放质量浓度为 0.5 mg/L（综合污水排放标准）。

采用 4-氨基安替比林分光光度法测定废水中的挥发酚的原理是：被蒸出的酚类化合物，于 pH 为 10.0±0.2 的介质中，在铁氰化钾（$K_3[Fe(CN)_6]$）存在下与 4-氨基安替比林反应生成橙红色的吲哚酚安替比林染料，显色后，在 30 min 内于 510 nm 波长下测定吸光度，用标准曲线法定量。

三、实验仪器

1. 全玻璃蒸馏器：500 mL。

2. 具塞比色管：50 mL。

3. 分光光度计。

4. 其他常用实验玻璃仪器。

四、试剂

除另有说明外，所用试剂均为分析纯试剂。

1. 无酚水：于 1 L 水中加入 0.2 g 经 200 ℃活化 0.5 h 的活性炭粉末，充分振摇后，放置过夜，用双层中速滤纸过滤，滤液贮于硬质玻璃瓶中备用；或加氢氧化钠使水呈强碱性，并滴加高锰酸钾溶液至紫红色，移入蒸馏瓶中加热蒸馏，收集馏出液备用。

2. 硫酸铜溶液：称取 50 g 五水合硫酸铜（$CuSO_4·5H_2O$）溶于水，稀释至 500 mL。

---

[1] 本实验方法引用了 HJ 503—2009《水质 挥发酚的测定 4-氨基安替比林分光光度法》。

3．磷酸（1＋9，体积比）。

4．甲基橙指示剂：称取 0.05 g 甲基橙溶于 100 mL 水中。

5．苯酚标准贮备液：称取 1.00 g 无色苯酚溶于无酚水，移入 1000 mL 容量瓶中，稀释至标线，置于冰箱中备用。该溶液按下述方法标定。

标定方法：吸取 10.00 mL 苯酚标准贮备液于 250 mL 碘量瓶中，加 100 mL 无酚水和 10.00 mL 0.1 mol/L 溴酸钾-溴化钾标准参考溶液，立即加入 5 mL 浓盐酸，盖好瓶塞，轻轻摇匀，于暗处放置 15 min。加入 1 g 碘化钾，密塞，轻轻摇匀，于暗处放置 5 min 后，用 0.0125 mol/L 硫代硫酸钠标准溶液滴定至淡黄色，加 1 mL 淀粉溶液，继续滴定至蓝色刚好褪去，记录用量。以无酚水代替苯酚标准贮备液做空白试验，记录硫代硫酸钠标准溶液用量。

苯酚标准贮备液质量浓度按下式计算：

滴定反应式为：

$$BrO_3^- + 5Br^- + 6H^+ \longrightarrow 3Br_2 + 3H_2O$$

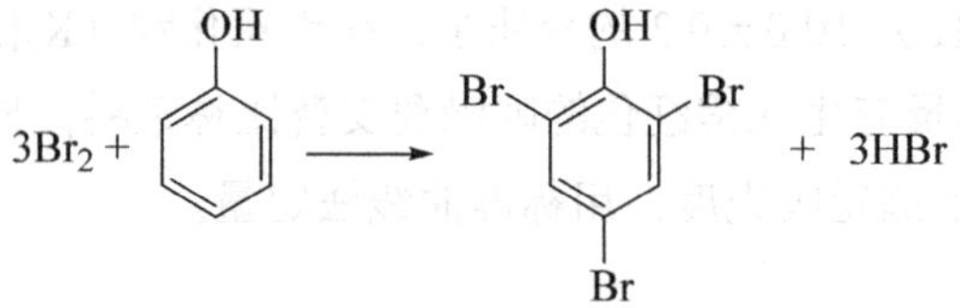

$$Br_2 + 2I^- \longrightarrow 2Br^- + I_2$$

$$I_2 + 2Na_2S_2O_3 \longrightarrow Na_2S_4O_6 + 2NaI$$

$$\rho（苯酚）=（V_1-V_2）\times c \times 15.68/V$$

式中 ρ（苯酚）——苯酚浓度，mg/L；

V_1——空白试验消耗硫代硫酸钠标准溶液体积，mL；

V_2——滴定苯酚标准贮备液时消耗硫代硫酸钠标准溶液体积，mL；

V——加入的苯酚标准贮备液体积，mL；

c——硫代硫酸钠标准溶液浓度，mol/L；

15.68——1/6 苯酚（1/6 C_6H_5OH）的摩尔质量，g/mol。

6．苯酚标准中间液：取适量苯酚标准贮备液，用无酚水稀释至每毫升含 0.010 mg 苯酚（即 10 mL 苯酚标准贮备液，定容到 100 mL）。使用时当天配制。

7．溴酸钾-溴化钾标准参考溶液［c（1/6 $KBrO_3$）= 0.1 mol/L］：称取 2.784 g 溴酸钾（$KBrO_3$）溶于水，加入 10 g 溴化钾（KBr），使其溶解，移入 1000 mL 容量瓶中，稀释至标线。

8．碘酸钾标准溶液［c（1/6 KIO_3）= 0.0250 mol/L］：称取预先经 180 ℃烘干的碘酸钾 0.8917 g 溶于水，移入 1000 mL 容量瓶中，稀释至标线。

9．硫代硫酸钠标准溶液［c（$Na_2S_2O_3$）≈0.0125mol/L］：称取 3.1 g 五水合硫代硫酸钠，溶于煮沸放冷的水中，加入 0.2 g 碳酸钠，稀释至 1000 mL，临用前用下述方法标定。

吸取 20.00 mL 碘酸钾标准溶液于 250 mL 碘量瓶中，加水稀释至 100 mL，加 1 g 碘化钾，再加 5 mL（1+5，体积比）硫酸，加塞，轻轻摇匀，暗处放置 5 min，用硫代硫酸钠标准溶液滴定至淡黄色，加 1 mL 淀粉溶液，继续滴定至蓝色刚褪去为止，记录硫代硫酸钠标准溶液用量。

按下式计算硫代硫酸钠标准溶液的浓度（mol/L）：

滴定反应式为：

$$KIO_3 + 5KI + 3H_2SO_4 + 6Na_2S_2O_3 = 3K_2SO_4 + 3Na_2S_4O_6 + 3H_2O + 6NaI$$

$$c（Na_2S_2O_3）= 0.0250 \times V_4 / V_3$$

式中　V_3——硫代硫酸钠标准溶液消耗体积，mL；

V_4——移取碘酸钾标准溶液体积，mL；

0.0250——碘酸钾标准溶液浓度，mol/L。

10．淀粉溶液：称取 1 g 可溶性淀粉，用少量水调成糊状，加沸水至 100 mL 冷却，置冰箱内保存。

11．缓冲溶液：pH = 10.7。称取 20 g 氯化铵（NH_4Cl）溶于 100 mL 氨水中，密塞，置于冰箱中保存。

12．4-氨基安替比林溶液（20 g/L）：称取 4-氨基安替比林（$C_{11}H_{13}N_3O$）2 g 溶于水，稀释至 100 mL，置于冰箱内保存，可使用一周。固体试剂易潮解、氧化，宜保存在干燥器中。

13．铁氰化钾溶液（80 g/L）：称取 8 g 铁氰化钾（$K_3[Fe(CN)_6]$）溶于水稀释至 100 mL，置于冰箱内保存，可使用一周。

五、实验步骤

（一）水样预处理

1．量取 250 mL 水样置于蒸馏烧瓶中，加数粒小玻璃珠以防暴沸，再加 2 滴甲基橙指示剂，用磷酸调节至 pH 值为 4（溶液呈橙红色），加 5.0 mL 硫酸铜溶液（如采样时已加过硫酸铜，则补加适量）。

如加入硫酸铜溶液后产生较多量的黑色硫化铜沉淀，则应摇匀后放置片刻，待沉淀后，再滴加硫酸铜溶液，至不再产生沉淀为止。

2．连接冷凝器，加热蒸馏，收集馏出液 250 mL 至容量瓶中。

在蒸馏过程中，如发现甲基橙的橙红色褪去，应在蒸馏结束后再加 1 滴甲基橙指示剂。如发现蒸馏后残液不呈酸性，则应重新取样，增加磷酸加入量，进行蒸馏。

（二）标准曲线绘制

于一组 8 支 50 mL 具塞比色管中，分别加入 0.00 mL、0.50 mL、1.00 mL、3.00 mL、5.00 mL、7.00 mL、10.00 mL、12.50 mL 苯酚标准中间液，加无酚水至 50 mL 标线，加 0.5 mL 缓冲溶液，混匀，此时 pH 值为 10.0±0.2，加 4-氨基安替比林溶液 1.0 mL，混匀。再加 1.0 mL 铁氰化钾溶液，充分混匀，放置 10 min 后立即于 510 nm 波长处，用 20 mm 比色皿，以无酚水为参比，测量吸光度。经空白校正后，绘制吸光度对苯酚质量（mg）的标准曲线，标准曲线回归方程的相关系数应达到 0.999 以上。

（三）水样的测定

分取馏出液 5.0 mL 于 50 mL 具塞比色管中，稀释至标线。用与绘制标准曲线相同的步骤测定吸光度，计算减去空白试验测定值后的吸光度。空白试验以无酚水代替水样，经蒸馏后，按照与水样相同的步骤测定。

六、数据处理

1. 用最小二乘法求标准曲线的回归方程，或绘制吸光度-苯酚质量（mg）标准曲线。

2. 按下式计算所取水样中挥发酚含量 ρ（挥发酚，以苯酚计，mg/L）：

$$\rho（挥发酚，以苯酚计，mg/L）= \frac{A_s - A_b - a}{bV} \times 1000$$

式中 A_s、A_b——分别表示样品和空白溶液的吸光度；

a——标准曲线的截距；

b——标准曲线的斜率；

V——样品体积，mL。

当计算结果小于 1 mg/L 时，结果保留小数点后 3 位；大于 1 mg/L 时，结果保留 3 位有效数字。

七、注意事项

1. 如水样含挥发酚质量浓度较高，移取适量水样并稀释至 250 mL 进行蒸馏，则在计算时应乘以稀释倍数。如水样中挥发酚质量浓度低于 0.5 mg/L 时，采用方法二“4-氨基安替比林萃取分光光度法”。

2．当水样中含游离氯等氧化剂以及硫化物、油类、芳香胺类和甲醛、亚硫酸钠等还原剂时，应在蒸馏前先进行预处理［参考“五、(一)”中的水样预处理内容］。

八、思考与讨论

1．根据实验情况，分析影响测定结果准确度的因素。

2．如何消除水样中还原性物质硫化物的影响?

【方法二】4-氨基安替比林萃取分光光度法

一、实验目的

1．掌握水中低浓度挥发酚的测定方法（萃取分光光度法）。

2．了解水样消除干扰影响的技术方法。

二、实验原理

用蒸馏法使挥发性酚类化合物蒸馏出，并与干扰物质和固定剂分离。由于酚类化合物的挥发速度随馏出液体积而变化，因此，馏出液体积必须与试样体积相等。被蒸馏出的酚类化合物，于 pH 值为 10.0±0.2 介质中，在铁氰化钾存在下，与 4-氨基安替比林反应生成橙红色的安替比林染料，用三氯甲烷萃取后，在 460 nm 波长下测定吸光度。

三、实验仪器

本方法分析操作时均使用符合国家 A 级标准的玻璃量器。

1．分光光度计：配有光程为 30 mm 的比色皿。

2．全玻璃蒸馏器。

3．一般实验室常用仪器。

四、试剂和材料

本方法均使用符合国家标准的分析纯化学试剂；实验用水为新制备的蒸馏水或去离子水。

1．无酚水：可按照下述两种方法之一制备。

（1）于每升水中加入 0.2 g 经 200 ℃活化 30 min 的活性炭粉末，充分振摇后，放置过夜，用双层中速滤纸过滤；

（2）加氢氧化钠使水呈强碱性，并加入高锰酸钾至溶液呈紫红色，移入全玻璃蒸馏器中加热蒸馏，集取馏出液备用。

注：无酚水应贮于玻璃瓶中，取用时，应避免与橡胶制品（橡皮塞或乳胶管等）接触。

2．硫酸亚铁（$FeSO_4 \cdot 7H_2O$）。

3．碘化钾（KI）。

4．硫酸铜（$CuSO_4 \cdot 5H_2O$）。

5．乙醚（$C_4H_{10}O$）。

6．三氯甲烷（$CHCl_3$）。

7．精制苯酚：取苯酚（C_6H_5OH）于具有空气冷凝管的蒸馏瓶中，加热蒸馏，收集 182～184 ℃的馏出部分，馏分冷却后应为无色晶体。贮于棕色瓶中，于冷暗处密闭保存。

8．氨水：ρ（$NH_3 \cdot H_2O$）= 0.90 g/mL。

9．盐酸：ρ（HCl）= 1.19 g/mL。

10．磷酸溶液（1+9，体积比）。

11．硫酸溶液（1+4，体积比）。

12．氢氧化钠溶液［c（NaOH）= 100 g/L］：称取氢氧化钠 10 g 溶于水，稀释至 100 mL。

13．缓冲溶液：pH = 10.7。称取 20 g 氯化铵（NH_4Cl）溶于 100 mL 氨水（本方法试剂）中，密塞，置冰箱中保存。为避免氨的挥发引起 pH 值的改变，应注意在低温下保存，且取用后立即加塞盖严，并根据使用情况适量配制。

14．4-氨基安替比林溶液：称取 2 g 4-氨基安替比林溶于水中，溶解后移入 100 mL 容量瓶中，用水稀释至标线，按“七、（三）”方法进行提纯，收集滤液后置冰箱中冷藏，可保存 7 天。

15．铁氰化钾溶液［c（$K_3[Fe(CN)_6]$）= 80 g/L］：称取 8 g 铁氰化钾溶于水，溶解后移入 100 mL 容量瓶中，用水稀释至标线。置冰箱内冷藏，可保存一周。

16．溴酸钾-溴化钾溶液：c（1/6$KBrO_3$）= 0.1 mol/L。称取 2.784 g 溴酸钾溶于水，加入 10 g 溴化钾，溶解后移入 1000 mL 容量瓶中，用水稀释至标线。

17．硫代硫酸钠溶液：c（$Na_2S_2O_3$）≈ 0.0125 mol/L。称取 3.1 g 硫代硫酸钠，溶于煮沸放冷的水中，加入 0.2 g 碳酸钠，溶解后移入 1000 mL 容量瓶中，用水稀释至标线。

18．淀粉溶液［c = 0.01 g/mL］：称取 1 g 可溶性淀粉，用少量水调成糊状，加沸水至 100 mL，冷却后，移入试剂瓶中，置冰箱内冷藏保存。

19．酚标准贮备液［c（C_6H_5OH）= 1.00 g/L］：称取 1.00 g 精制苯酚，溶解于无酚水，移入 1000 mL 容量瓶中，用无酚水稀释至标线。按“七、(四)”中的方法进行标定。置冰箱内冷藏，可稳定保存一个月。

20．酚标准中间液［c（C_6H_5OH）= 10.0 mg/L］：取 1.00 mL 酚标准贮备液用无酚水稀释至 100 mL 容量瓶中，使用时当天配制。

21．酚标准使用液［c（C_6H_5OH）= 1.00 mg/L］：量取 10.00 mL 酚标准中间溶液于 100 mL 容量瓶中，用无酚水稀释至标线，配制后 2 h 内使用。

22．甲基橙指示液［c（甲基橙）= 0.5 g/L］：称取 0.1 g 甲基橙溶于水，溶解后移入 200 mL 容量瓶中，用水稀释至标线。

23．淀粉-碘化钾试纸：称取 1.5 g 可溶性淀粉，用少量水搅成糊状，加入 200 mL 沸水，混匀，放冷，加 0.5 g 碘化钾和 0.5 g 碳酸钠，用水稀释至 250 mL，将滤纸条浸渍后，取出晾干，盛于棕色瓶中，密塞保存。

24．乙酸铅试纸：称取乙酸铅 5 g，溶于水中，并稀释至 100 mL。将滤纸条浸入上述溶液中，1 h 后取出晾干，盛于广口瓶中，密塞保存。

25．pH 试纸（pH = 1～14）。

五、实验步骤

（一）样品采集与保存

1．样品采集

在样品采集现场，用淀粉-碘化钾试纸检测样品中有无游离氯等氧化剂的存在，若试纸变蓝，应及时加入过量硫酸亚铁去除。

样品采集量应大于 500 mL，贮于硬质玻璃瓶中。

采集后的样品应及时加磷酸酸化至 pH 值约为 4.0，并加适量硫酸铜，使样品中硫酸铜浓度约为 1 g/L，以抑制微生物对酚类的生物氧化作用。

2．样品保存

采集后的样品应在 4 ℃下冷藏，24 h 内进行测定。

（二）分析步骤

1．预蒸馏：取 250 mL 样品移入 500 mL 全玻璃蒸馏器中，加入 25 mL 无酚水，加数粒玻璃珠以防暴沸，再滴加数滴甲基橙指示液，若试样未显橙红色，则需继续补加磷酸溶液。连接冷凝器，加热蒸馏，收集馏出液 250 mL 至容量瓶中。

蒸馏过程中，若发现甲基橙红色褪去，应在蒸馏结束后，放冷，再加 1 滴甲基橙指示液。若发现蒸馏后残液不呈酸性，则应重新取样，增加磷酸溶液加入量，进行蒸馏。

注1：使用的蒸馏设备不宜与测定工业废水或生活污水的蒸馏设备混用。每次实验前后，应清洗整个蒸馏设备。

注2：不得用橡胶塞、橡胶管连接蒸馏瓶及冷凝器，以防止对测定产生干扰。

2．显色：将馏出液250 mL移入分液漏斗中，加入2.0 mL缓冲溶液，混匀，pH值为10.0±0.2，加入1.5 mL 4-氨基安替比林溶液，混匀，再加入1.5 mL铁氰化钾溶液，充分混匀后，密塞，放置10 min。

3．萃取：在上一步显色分液漏斗中准确加入10.0 mL三氯甲烷，密塞，剧烈振摇2 min，倒置放气，静置分层。用干脱脂棉或滤纸拭干分液漏斗颈管内壁，于颈管内塞一小团干脱脂棉或滤纸，将三氯甲烷层通过干脱脂棉团或滤纸，弃去最初滤出的数滴萃取液后，将余下三氯甲烷直接放入光程为30 mm的比色皿中。

4．吸光度测定：于460 nm波长，以三氯甲烷为参比，测定三氯甲烷层的吸光度值。

5．空白试验：用无酚水代替试样，按本方法分析步骤1～4测定其吸光度值。空白应与试样同时测定。

6．校准

（1）校准系列的制备

于一组8个分液漏斗中分别加入100 mL无酚水，依次加入0.00 mL、0.25 mL、0.50 mL、1.00 mL、3.00 mL、5.00 mL、7.00 mL和10.00 mL酚标准使用液，再分别加无酚水至250 mL。

按本方法分析步骤2～4进行测定。

（2）校准曲线的绘制

由校准系列测得的吸光度值减去浓度为零的吸光度值，绘制吸光度值对酚质量（μg）的曲线，校准曲线回归方程相关系数应达到0.999以上。

六、数据处理

试样中挥发酚的浓度（以苯酚计），按下式计算：

$$c = \frac{A_s - A_b - a}{bV}$$

式中　c——试样中挥发酚的浓度，mg/L；

A_s——试样的吸光度值；

A_b——空白试验（本方法分析步骤 5）的吸光度值；

a——校准曲线（本方法分析步骤 6）的截距值：

b——校准曲线（本方法分析步骤 6）的斜率；

V——试样的体积，mL。

当计算结果小于 0.1 mg/L 时，保留到小数点后四位；大于等于 0.1 mg/L 时，保留三位有效数字。

七、备注

（一）干扰及消除

氧化剂、油类、硫化物、有机或无机还原性物质和苯胺类会干扰酚的测定。各类干扰物的消除方法总结如下。

1．氧化剂（如游离氯）的消除：水样样品滴于淀粉-碘化钾试纸上出现蓝色，说明存在氧化剂，可加入过量的硫酸亚铁去除。

2．硫化物的消除：当样品中有黑色沉淀时，可取一滴样品放在乙酸铅试纸上，若试纸变黑色，说明有硫化物存在。此时样品继续加磷酸酸化，置通风柜内进行搅拌曝气，直至生成的硫化氢完全逸出。

3．甲醛、亚硫酸盐等有机或无机还原性物质的消除：可分取适量样品于分液漏斗中，加硫酸溶液使呈酸性，分次加入 50 mL、30 mL、30 mL 乙醚以萃取酚，合并乙醚层于另一分液漏斗，分次加入 4 mL、3 mL、3 mL 氢氧化钠溶液进行反萃取，使酚类转入氢氧化钠溶液中。合并碱萃取液，移入烧杯中，水浴加热，以除去残余乙醚，然后用无酚水将碱萃取液稀释到原分取样品的体积。同时应以无酚水做空白试验。

4．油类的消除：样品静置分离出浮油后，按照上述“3.”的操作步骤进行。

5．苯胺类的消除：苯胺类可与 4-氨基安替比林发生显色反应而干扰酚的测定，一般在酸性（$pH<0.5$）条件下，可以通过预蒸馏分离。

（二）质量保证和质量控制

每批样品应带一个中间校核点，中间校核点测定值和校准曲线相应点浓度的相对误差不超过 10%。

（三）4-氨基安替比林的提纯

4-氨基安替比林的质量直接影响空白试验的吸光度值和测定结果的精密度。必要时，可按下述步骤进行提纯。

将100 mL配制好的4-氨基安替比林溶液置于干燥烧杯中，加入10 g硅镁型吸附剂（弗罗里硅土，60～100目，600 ℃烘制4 h），用玻璃棒充分搅拌，静置片刻，将溶液在中速定量滤纸上过滤，收集滤液，置于棕色试剂瓶内，于4 ℃下保存。

也可使用其他方法提纯 4-氨基安替比林溶液，采用上述方法或其他方法提纯，应对提纯效果进行验证，使方法的检出限、精密度和准确度符合要求。

（四）酚标准贮备液的标定

吸取10.0 mL酚标准贮备液［c（C_6H_5OH）= 1.00 g/L］于250 mL碘量瓶中，加入无酚水稀释至100 mL，加10.0 mL 0.1 mol/L溴酸钾-溴化钾溶液，立即加入5 mL浓盐酸［ρ（HCl）= 1.19 g/mL］，密塞，徐徐摇匀，于暗处放置15 min，加入1 g碘化钾，密塞，摇匀，放置暗处5 min，用硫代硫酸钠溶液［c（$Na_2S_2O_3$）≈ 0.0125 mol/L］滴定至淡黄色，加入1 mL淀粉溶液（c = 0.01 g/mL），继续滴定至蓝色刚好褪去，记录用量。

同时以无酚水代替酚标准贮备液［c（C_6H_5OH）≈ 1.00 g/L］做空白试验，记录硫代硫酸钠溶液［c（$Na_2S_2O_3$）≈ 0.0125 mol/L］用量。

酚标准贮备液［c（C_6H_5OH）≈ 1.00 g/L］浓度按下式计算：

$$c_2 = \frac{(V_1 - V_2) \times c_1 \times 15.68}{V}$$

式中　c_2——酚标准贮备液浓度，mg/L；

V_1——空白试验中硫代硫酸钠溶液的用量，mL；

V_2——滴定酚贮备液时硫代硫酸钠溶液的用量，mL；

c_1——硫代硫酸钠溶液摩尔浓度，mol/L；

V——试样体积，mL；

15.68——1/6苯酚（1/6 C_6H_5OH）的摩尔质量，g/mol。

实验十　废水中油的测定——紫外分光光度法

一、实验目的

1．了解废水中油的测定方法。

2．理解实验的基本原理。

二、实验原理

紫外分光光度法是通过测定待测组分在某一特定波长或一定波长范围的吸光度，利用光吸收定律（即朗伯-比尔定律）来进行定量分析。

采用紫外分光光度法测定水样（含矿物油 0.05～50 mg/L 的水样）中的油（石油类），具有操作简单、精密度好、灵敏度高的特点。石油及其产品在紫外光区有特征吸收：带有苯环的芳香族化合物，其主要吸收波长为 250～260 nm；带有共轭双键的化合物主要吸收波长为 215～230 nm。一般原油的两个吸收峰为 225 nm 和 254 nm。石油产品中，如燃料油、润滑油等的吸收峰与原油相近，因此，波长的选择应视实际情况而定，原油和重质油可选 254 nm，而轻质油及炼油厂的油品可选 225 nm。标准油采用受污染地点水样中的石油醚萃取物，如有困难可采用环保部门批准的标准油或 15 号机油、20 号重柴油。

三、实验仪器

1．紫外分光光度计。

2．分液漏斗，砂芯漏斗。

3．50 mL、100 mL 容量瓶及实验室常用仪器。

4．水浴加热装置。

四、试剂

1．石油醚（60～90 ℃馏分）。

2．脱芳烃石油醚：将 60～100 目粗孔微球硅胶和 70～120 目色谱分离用中性氧化铝（在 150～160 ℃活化 4 h），在未完全冷却前装入 750 mm 高的玻璃柱中。下层硅胶高 600 mm，上层覆盖 50 mm 厚的氧化铝，将 60～90 ℃石油醚通过此柱以脱除芳烃。收集石油醚于细口瓶中，以水为参比，在 225 nm 处测定处理过的石油醚，其透光率不应小于 80%，或者用重蒸馏的方法，收集 60～80 ℃馏分。

3．标准油：用以上脱芳烃的石油醚，从待测水样中萃取油品，经无水硫酸钠脱水后过滤。将滤液放置于65 ℃水浴上蒸出石油醚，然后置于65 ℃恒温箱内赶尽残留石油醚，即得标准油。

4．标准油贮备液：准确称取标准油0.100 g溶于石油醚中，移入100 mL容量瓶内，稀释至标线贮存于冰箱内。此溶液每毫升含1.00 mg油。

5．标准油使用液：临用前把上述标准油贮备液用石油醚稀释10倍，此溶液每毫升含0.10 mg油。

6．无水硫酸钠：在300 ℃下烘1 h，冷却后装瓶备用。

7．（1+1）硫酸，体积比。

8．氯化钠。

五、实验步骤

（一）标准曲线的绘制

向7个50 mL容量瓶中，分别加入0.00 mL、2.00 mL、4.00 mL、8.00 mL、12.00 mL、20.00 mL、25.00 mL标准油使用液，用石油醚（60～90 ℃馏分）稀释至标线。在选定波长处，用10 mm石英比色皿，以石油醚为参比测定吸光度，经空白校正后，绘制标准曲线。

（二）样品的测定

将一定体积的待测水样，仔细移入1000 mL分液漏斗中，加入（1+1）硫酸5 mL酸化（若采样时已酸化，则不需加酸）。加入氯化钠，加入的量约为水样量的2%（质量分数）。用20 mL石油醚（60～90 ℃馏分）清洗采样瓶后，移入分液漏斗中。充分振摇3 min静置使之分层，将水层移入采样瓶内。将石油醚萃取液通过内铺有5 mm厚的无水硫酸钠层的砂芯漏斗，滤入50 mL容量瓶内，将水层移回分液漏斗内，用20 mL石油醚重复萃取一次，将石油醚通过铺有无水硫酸钠层的砂芯漏斗，滤入50 mL容量瓶。然后用10 mL石油醚洗涤漏斗，其洗涤液均收集于同一容量瓶内，并用石油醚稀释至标线。在选定的波长处，用10 mm石英比色皿，以石油醚为参比，测量其吸光度。取与待测水样体积相同的纯水样，与上述水样同样操作，进行空白试验，测量吸光度。由待测水样测得的吸光度减去空白试验的吸光度，从标准曲线上查出相应的油的质量。

六、数据处理

$$油的含量（mg/L）=\frac{m\times 1000}{V}$$

式中　m——从标准曲线中查出的相应油的质量，mg；

V——水样体积，mL。

七、注意事项

1. 不同油品的特征吸收峰不同，如难以确定测定的波长时，可向 50 mL 容量瓶中移入标准油使用液 20～25 mL，用石油醚稀释至标线，在波长 215～300 nm 范围，用 10 mm 石英比色皿测得吸收光谱图（以吸光度为纵坐标，波长为横坐标的吸光度曲线），得到最大吸收峰的位置，一般在 220～225 nm。

2. 所用器皿应避免有机物污染。

3. 水样及空白测定所使用的石油醚应为同一批号，否则会由于空白值不同而产生误差。

4. 如石油醚纯度较低或缺乏脱芳烃条件，也可以采用己烷作为萃取剂。将己烷进行重蒸馏后使用，或者用水洗涤 3 次，以除去水溶性杂质。以水作参比，于波长 225 nm 处测定其透光率大于 80%方可使用。

5. 加入 1～5 倍含油量的苯酚，对测定的结果无干扰，动、植物性油脂的干扰作用比红外线法小。用塑料桶采集或保存水样，会引起测定结果偏低。

实验十一　氨氮的测定——纳氏试剂分光光度法[1]

一、实验目的

1. 了解氨氮的测定方法及其原理。

2. 确定水样中的氨氮浓度，计算出水样中氨氮的总量。

二、实验原理

纳氏试剂（主要成分为碘化汞和碘化钾）在碱性条件下与氨反应生成淡红棕色胶态化合物，此颜色在较宽的波长范围内具有强烈吸收。通常测量波长在410～425 nm范围。

脂肪胺、芳香胺、醛类、丙酮类和有机氯胺类等有机化合物，以及铁、锰、镁和硫等无机离子，因产生异色或浑浊而引起干扰，水中颜色和浑浊亦影响比色。为此，须进行混凝沉淀过滤或蒸馏预处理，还可在碱性条件下加热以除去易挥发的还原性干扰物质。对于金属离子的干扰，可加入适量的掩蔽剂加以消除。

三、适用范围

本法最低检出浓度为0.025 mg/L，测定上限为2 mg/L。水样做适当的预处理后，本法可适用于地表水、地下水、工业废水和生活污水中氨氮的测定。

四、实验仪器

1. 分光光度计，pH计。

2. 聚乙烯瓶，500 mL、1000 mL容量瓶等一般实验室常用仪器。

五、试剂

1. 水：配制试剂用水均应为无氨水。

2. 纳氏试剂：选择下列方法中的一种进行制备。

（1）称取20 g碘化钾溶于约100 mL水中，边搅拌边分次少量加入氯化汞（$HgCl_2$）结晶粉末（约10 g）；至出现朱红色沉淀不易溶解时，改为滴加氯化汞饱和溶液，并充分搅拌；当出现微量朱红色沉淀不易溶解时，停止滴加氯化汞溶液。另称取60 g氢氧化钾溶于水中，并稀释到250 mL，充分冷却到室温后，

---

[1] 本实验方法引用了HJ 535—2009《水质　氨氮的测定　纳氏试剂分光光度法》。

将上述溶液在搅拌下，徐徐注入氢氧化钾溶液中，用水稀释至 400 mL，混匀，静置过夜。将上清液移入聚乙烯瓶中，密塞保存。

（2）称取 16 g 氢氧化钠，溶于 50 mL 水中，充分冷却到室温。另称取 7 g 碘化钾和 10 g 碘化汞（HgI_2）溶于水，然后将此溶液在搅拌下徐徐注入氢氧化钠溶液中，用水稀释到 100 mL，贮于聚乙烯瓶中，密塞保存。

3. 酒石酸钾钠溶液：称取 50 g 酒石酸钾钠（$KNaC_4H_4O_6 \cdot 4H_2O$）溶于 100 mL 水中，加热煮沸以除去氨，放冷，定容至 100 mL。

4. 铵标准贮备液：称取 3.81 g 经 100 ℃干燥过的优级氯化铵（NH_4Cl）溶于水中，移入 1000 mL 容量瓶中，稀释至标线 。此溶液每毫升含 1.00 mg 氨氮。

5. 铵标准使用液：移取 5.00 mL 铵标准贮备液于 500 mL 容量瓶中，用水稀释到标线，此溶液每毫升含 0.010 mg 氨氮。

六、实验步骤

（一）校准曲线的绘制

吸取 0.00 mL、0.50 mL、1.00 mL、3.00 mL、5.00 mL、7.00 mL 和 10.00 mL 铵标准使用液于 50 mL 比色管中，加水至标线，加 1.0 mL 酒石酸钾钠溶液，混匀。加 1.5 mL 纳氏试剂，混匀。放置 10 min 后在波长 420 nm 处，用光程 20 mm 比色皿以水作参比，测量吸光度。

测得的水样吸光度值减去空白样的吸光度值，得到校正吸光度，绘制氨氮质量（mg）对校正吸光度的校准曲线。

（二）水样的测定

分取适量经絮凝沉淀预处理后的水样（使氨氮质量不超过 0.1 mg），加入 50 mL 比色管中，稀释至标线，加 1.0 mL 酒石酸钾钠溶液，混匀，以下按与校准曲线的绘制相同的步骤测量吸光度。

分取适量经蒸馏预处理后的馏出液，加入 50 mL 比色管中，加一定量 1 mol/L 氢氧化钠溶液以调节水样至中性，稀释到标线。加 1.0 mL 酒石酸钾钠，混匀，以下按与校准曲线的绘制相同的步骤测量吸光度。

（三）空白试验

以无氨水代替水样，做全程空白测定。

七、数据处理

测得的水样吸光度值减去空白样吸光度值，从校准曲线上查得氨氮质量（mg）。

$$氨氮含量（mg/L）=\frac{m}{V}\times 1000$$

式中　m——由校准曲线查得的氨氮质量，mg；

V——水样体积，mL。

精密度和准确度：分析 3 个含 1.14～1.16 mg/L 氨氮实验室样品的加标水样结果，与单个实验室样品的相对标准偏差不超过 9.5%；加标回收率范围为 95%～104%。分析 4 个含 1.81～3.06 mg/L 氨氮实验室样品的加标水样，与单个实验室样品的相对标准偏差不超过 4.4%；加标回收率范围为 94%～96%。

八、注意事项

1．纳氏试剂中碘化汞与碘化钾的比例，对显色反应的灵敏度有较大影响，静置后生成的沉淀应除去。

2．滤纸中常含痕量氨，使用时注意用无氨水洗涤，所用玻璃器皿应避免实验室空气中氨的沾污。

实验十二　水中氟化物的测定——氟离子选择电极法❶

一、实验目的

1. 了解氟离子选择电极法测定氟化物的基本原理。

2. 掌握氟度计的使用方法。

二、实验原理

将氟离子选择电极和外参比电极（如甘汞电极）浸入待测含氟溶液，构成原电池，该原电池电动势与氟离子活度的对数呈线性关系。通过测量电极与已知氟离子浓度溶液组成的原电池电动势，与待测氟离子浓度溶液组成原电池的电动势，在离子活度固定的条件下即可计算出待测水样中氟离子浓度。常用的定量方法是标准曲线法和标准加入法。

对于污染严重的生活污水和工业废水以及含氟硼酸盐的水样，均要进行预蒸馏。

三、实验仪器和设备

1. 磁力搅拌器（带转子）。

2. 离子活度计或 pH 计，精确到 0.1 mV。

3. 饱和甘汞电极和氟离子选择性电极。

4. 精密 pH 试纸（pH 值为 5.0～8.0）。

5. 分析天平。

6. 聚乙烯瓶、聚乙烯杯、烧杯、移液管、容量瓶、量筒、洗瓶等实验室常用器皿。

四、试剂

所用水为去离子水或无氟蒸馏水。

1. 氟化钠标准贮备液：称取 0.2210 g 基准氟化钠（NaF）（预先于 105～110 ℃烘干 2 h，或者于 500～650 ℃烘干 40 min，冷却），用水溶解后转入 1000 mL 容量瓶中，稀释至标线，摇匀。贮存于聚乙烯瓶中。此溶液每毫升含氟离子 100 μg。

2. 氟化钠标准溶液：用移液管吸取氟化钠标准贮备液 10.00 mL，注入 100 mL

---

❶ 本实验方法引用了 GB 7484—1987《水质　氟化物的测定　离子选择电极法》。

容量瓶中，稀释至标线，摇匀。此溶液每毫升含氟离子 10 μg。

3．总离子强度调节缓冲溶液（TISAB）：称取 5.88 g 二水合柠檬酸钠和 8.5 g 硝酸钠，加水溶解，用盐酸调节 pH 值至 5～6，转入 100 mL 容量瓶中，稀释至标线，摇匀。

4．2 mol/L 盐酸溶液。

五、实验步骤

1．仪器准备和操作：按照所用测量仪器和电极使用说明，首先接好线路，将各开关置于“关”的位置，开启电源开关，预热 15 min，以后操作按说明书要求进行。测量前，试液应达到室温，并与标准溶液温度一致（温差不得超过 ±1 ℃）。

2．标准曲线绘制：用移液管移取 1.00 mL、3.00 mL、5.00 mL、10.00 mL、20.00 mL 氟化钠标准溶液，分别置于 5 支 50 mL 容量瓶中，加入 10 mL 总离子强度调节缓冲溶液。用水稀释至标线，摇匀。分别移入 100 mL 聚乙烯杯中，放入一只转子，按浓度（c_{F^-}）由低到高的顺序，依次插入电极，连续搅拌溶液，读取搅拌状态下的稳态电位（E）。在每次测量之前，都要用水将电极冲洗干净，并用滤纸吸去水分。绘制 E-lgc_{F^-} 标准曲线。

3．水样测定：用移液管移取 20.00 mL 水样，置于 50 mL 容量瓶中，加入 10 mL 总离子强度调节缓冲溶液，用水稀释至标线，摇匀。将其移入 100 mL 聚乙烯杯中，放入一只转子，插入电极，连续搅拌溶液，待电位稳定后，在继续搅拌下读取电位（E_x）。在每次测量之前，都要用水充分洗涤电极，并且用滤纸吸去水分。根据测得的电位，由标准曲线上查得氟化物的含量。

4．空白试验：用去离子水代替水样，按测定样品的条件和步骤进行测定。

5．实验完成后，用去离子水将电极冲洗干净，放入去离子水中。然后关掉仪器，将其他玻璃器皿清洗干净，摆放整齐，擦净桌面。

六、数据处理

标准曲线法：从标准曲线上查知稀释水样的浓度和稀释倍数即可计算水样中氟化物的含量（mg/L）。

七、注意事项

1．所有玻璃仪器在使用之前要清洗干净，先用自来水洗三遍，再用去离子水洗三遍。移液管移取溶液时，要用该溶液润洗三遍再移取。若使用聚乙烯杯盛溶液，先用该溶液润洗三遍。

2．电极使用后应用水充分冲洗干净，并用滤纸吸去水分，放在空气中，或者放在稀的氟化物标准溶液中，如果短时间内不再使用，应洗净，吸去水分，套上保护电极敏感部位的保护帽。电极使用前仍应洗净，并吸去水分。

3．分析容器应用塑料容器，硅酸盐（玻璃）易与氟反应（生成 SiF_4、Na_2SiF_6）。测定标准溶液时浓度由低到高，以免影响下一个浓度的测定。

4．测定的电位稳定后读数，若 1 min 内只变化 0.5～1 mV，则达到稳定。

5．不得用手指触摸电极的敏感膜。如电极膜表面被有机物等沾污，必须先清洗干净后才能使用。

实验十三　大气中总悬浮颗粒物的测定

一、实验目的

1．了解空气中总悬浮颗粒物的采样方法。

2．掌握重量法测定大气中总悬浮颗粒物。

二、实验原理

用重量法测定大气中总悬浮颗粒物（TSP）的方法一般分为大流量（1.1～1.7 m^3/min）采样法和中流量（0.05～0.15 m^3/min）采样法。其原理基于：抽取一定体积的空气，使之通过已恒重的滤膜，则悬浮微粒被阻留在滤膜上，根据采样前后滤膜重量之差及采气体积，即可计算总悬浮颗粒物的质量浓度。本实验采用中流量采样法测定。

三、实验仪器

1．中流量采样器：流量 0.05～0.15 m^3/min，滤膜直径 8～10 cm。

2．流量校准装置：经过罗茨流量计校准的孔口校准器。

3．U 形压差计。

4．滤膜：超细玻璃纤维滤膜或聚氯乙烯滤膜。

5．滤膜贮存袋及贮存盒。

6．分析天平：感量 0.1 mg。

四、实验步骤

（一）采样器的流量校准

采样器每月用孔口校准器进行流量校准。

（二）采样

1. 每张滤膜使用前均需用光照检测，不得使用有针孔或有任何缺陷的滤膜采样。

2. 迅速称量在平衡室内已平衡 24 h 的滤膜，读数精确至 0.1 mg，记下滤膜的编号和质量，将其平展地放在光滑洁净的纸袋内，然后贮存于盒内备用。天平放置在平衡室内，平衡室温度在 20～25 ℃，温度变化小于 3 ℃，相对湿度小于 50%，湿度变化小于 5%。

3．将已恒重的滤膜用小镊子取出，毛面向上，平放在采样夹的网托上，拧紧采样夹，按照规定的流量采样。

4．采样 5 min 后和采样结束前 5 min，各记录一次 U 形压差计压差值，读数精确至 1 mm。若有流量记录器，则直接记录流量。测定日平均浓度一般从 8:00 开始采样至第二天 8:00 结束。若污染严重，可用几张滤膜分段采样，合并后计算日平均浓度。

5．采样后，用镊子小心取下滤膜，使采样毛面朝内，以采样有效面积的长边为中线对叠好，放回光滑的纸袋并贮于盒内。将有关参数及现场温度、大气压力等记录填写在表 3 中。

表 3　总悬浮颗粒物采样记录

______市（县）________监测点

月日	时间/min	采样温度/K	采样气压/kPa	采样器编号	滤膜编号	压差值/cmH_2O[①]			流量/（m^3/min）		备注
						开始	结束	平均	Q_2	Q_n	

① 1 cmH_2O = 98.0665 Pa。

（三）样品测定

将采样后的滤膜在平衡室内平衡 24 h，迅速称重，记录有关参数于表 4 中。

表 4　总悬浮颗粒物浓度测定记录

______市（县）________监测点

月日	时间/min	滤膜编号	流量 Q_n/（m^3/min）	采样体积/m^3	滤膜质量/g			总悬浮颗粒物浓度/（mg/m^3）
					采样前	采样后	样品	

分析者：__________；审核者：__________

五、数据处理

$$\mathrm{TSP}=\frac{m_{\mathrm{T}}}{Q_{\mathrm{n}}t}$$

式中　m_T——采集在滤膜上的总悬浮颗粒物质量，mg；

t——采集时间，min；

Q_n——标准状态下的采样流量，m^3/min。

Q_n 按下式计算

$$Q_n = Q_2\sqrt{\frac{T_3 p_2}{T_2 p_3}} \times \frac{273\ \text{K} \times p_3}{101.3\ \text{kPa} \times T_3}$$

$$= Q_2\sqrt{\frac{p_2 p_3}{T_2 T_3}} \times \frac{273\ \text{K}}{101.3\ \text{kPa}}$$

$$= 2.69 \times Q_2\sqrt{\frac{p_2 p_3}{T_2 T_3}}$$

式中　Q_2——现场采样流量，m^3/min；

p_2——采样器现场校准时大气压力，kPa；

p_3——采样时大气压力，kPa；

T_2——采样器现场校准时空气温度，K；

T_3——采样时的空气温度，K。

若 T_3、p_3 与采样器校准时的 T_2、p_2 相近，可用 T_2、p_2 代替。

六、注意事项

1．滤膜称重时的质量控制：取清洁滤膜若干张，在平衡室内平衡 24 h，称重。每张滤膜称量 10 次以上，则每张滤膜的平均质量为该张滤膜的原始质量，此为“标准滤膜”。每次称量清洁或样品滤膜的同时，称量两张“标准滤膜”，若称出的质量在原始质量±5 mg 范围内，则认为该批样品滤膜称量合格，否则应检查称量环境是否符合要求，并重新称量该批样品滤膜。

2．要经常检查采样头是否漏气。当滤膜上颗粒物与四周白边之间的界线逐渐模糊时，则表明应更换面板密封垫。

3．称量不带衬纸的聚氯乙烯滤膜时，在取放滤膜时，用金属镊子触一下天平盘，以消除静电的影响。

七、思考题

1．什么叫 TSP？它主要来源于哪里？

2．怎样用重量法测定大气中的总悬浮颗粒物？应注意控制哪些因素？

八、相关知识点

总悬浮颗粒物指环境空气中空气动力学当量直径≤100 μm的颗粒物，记作TSP，是大气质量评价中的一个通用的重要污染指标。它主要来源于燃料燃烧时产生的烟尘、生产加工过程中产生的粉尘、建筑和交通扬尘、风沙扬尘以及气态污染物经过复杂物理化学反应在空气中生成的相应的盐类颗粒。总悬浮颗粒物的浓度以每立方米空气中总悬浮颗粒物的质量表示。其对人体的危害程度主要取决于自身的粒度大小及化学组成。TSP中粒径大于10 μm的物质，几乎都可被鼻腔和咽喉所捕集，不进入肺泡。对人体危害最大的是10 μm以下的悬浮状颗粒物，称为可吸入颗粒物。可吸入颗粒物可经过呼吸道沉积于肺泡。慢性呼吸道炎症、肺气肿、肺癌的发病与空气颗粒物的污染程度明显相关，当长年接触颗粒物浓度高于0.2 mg/m^3的空气时，其呼吸系统病症增加。

实验十四　空气中氮氧化物的测定——盐酸萘乙二胺分光光度法[1]

一、实验目的

1. 了解空气中二氧化氮的来源与危害。
2. 掌握空气采样器的使用方法及用溶液吸收法采集空气样品。
3. 学会分光光度法测定二氧化氮的原理与操作。
4. 学习分光光度分析的数据处理方法。
5. 初步了解化学发光法测定二氧化氮的原理。

二、实验原理

氮的氧化物主要有 NO、NO_2、N_2O_3、N_2O_4、N_2O_5、N_2O 等，大气中的氮氧化物主要以 NO、NO_2 形式存在，简写为 NO_x。NO 是无色、无臭气体，微溶于水，在大气中易被氧化成 NO_2；NO_2 是红棕色有特殊刺激性臭味的气体，易溶于水。

NO_x 主要来源于硝酸、化肥、燃料、炸药等工厂产生的废气，燃料的高温完全燃烧，交通运输等。NO_x 不仅对人体健康产生危害（呼吸道疾病），还是形成酸雨的主要物质之一。

空气中的 NO_2 被吸收液吸收后，生成 HNO_3 和 HNO_2，在冰乙酸存在下，HNO_2 与对氨基苯磺酸发生重氮化反应，然后再与盐酸萘乙二胺偶合，生成玫红色偶氮染料，其颜色深浅与气样中 NO_2 的浓度成正比，因此可进行分光光度法测定，在 540 nm 处测定吸光度。

$$2NO_2 + H_2O \longrightarrow HNO_2 + HNO_3$$

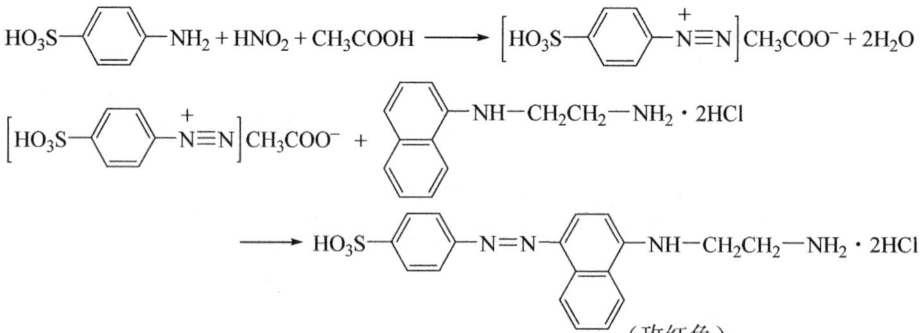

（玫红色）

❶ 本实验方法部分内容引用了 HJ 479—2009《环境空气　氮氧化物（一氧化氮和二氧化氮　分光光度法）的测定　盐酸萘乙二胺》。

该法适用于测定空气中的氮氧化物，测定范围为 0.01～20 mg/m^3。

该法采样和显色同时进行，操作简便、灵敏度高。NO、NO_2 可分别测定，也可以测 NO_x 总量。测 NO_2 时直接用吸收液吸收和显色。测 NO_x 时，则应将气体先通过 CrO_3 砂子氧化管，将大气样中的 NO 氧化为 NO_2，然后再通入吸收液吸收和显色。

三、实验仪器

1．空气采样器，流量范围 0～1 L/min。
2．10 mL 多孔玻板吸收管。
3．分光光度计。
4．比色管。
5．氧化管。
6．实验室其他常用仪器。

四、实验步骤

（一）标准曲线的绘制

取 6 支 10 mL 具塞比色管，按照表 5 参数和方法配制 NO_2^- 标准溶液系列（亚硝酸钠标准使用液浓度为 2.5 μg/mL）。各管摇匀后，避开直射阳光，放置 20 min，在波长 540 nm 处，用 1 cm 比色皿，以蒸馏水为参比，测定吸光度 A。

表 5　NO_2^- 标准系列的配制

比色管编号	1	2	3	4	5	6
亚硝酸钠标准使用液/mL	0	0.40	0.80	1.20	1.60	2.00
蒸馏水/mL	2.00	1.60	1.20	0.80	0.40	0
显色剂（吸收液）①/mL	8.00	8.00	8.00	8.00	8.00	8.00
NO_2^- 含量/（μg/mL）						
空白溶液吸光度 A_0						
校正吸光度 A						
线性回归方程						
线性相关系数 r						

① 显色剂（吸收液）配制方法：称取 5.0 g 对氨基苯磺酸于 1000 mL 烧杯中，将 50 mL 冰醋酸与 900 mL 水的混合液分数次倒入烧杯中，搅拌，溶解，并迅速转入 1000 mL 容量瓶中。待对氨基苯磺酸完全溶解后，加入 0.050 g 盐酸萘乙二胺，溶解后，用水定容至刻度。贮于棕色瓶中，低温避光保存。

绘制标准曲线，求出一元线性回归方程：

$$y = bx + a$$

式中　y——标准溶液吸光度 A 与试剂空白溶液吸光度 A_0 之差；

x——NO_2^- 含量，μg/mL；

b——回归方程的斜率（由斜率倒数求得校准因子）；

a——回归方程的截距。

（二）空气样品的采集

1. 现场空白样品的采集：采集二氧化氮样品时，应准备一个现场空白吸收管，和其他采样吸收管同时带到现场。该管不采样，采样结束后和其他采样吸收管一起带回实验室，进行测定。

2. 二氧化氮现场平行样品的采集：用两台相同型号的采样器，以同样的采样条件（包括时间、地点、吸收液、流量、朝向等）采集两个气体平行样。在采样的同时记录现场温度和大气压力。

移取 10.0 mL 吸收液置于采样吸收管中，用短硅橡胶管将其与采样器相连。以 0.2～0.4 L/min 流量，避光采样至吸收液呈微红色为止。记录采样时间，密封好采样管，带回实验室测定。

空气中二氧化氮的采样记录按表 6 填写。

表 6　空气中二氧化氮的采样记录

采样流量/（L/min）		
采样时间/min		
温度/℃		
大气压力/Pa		
平行样品号	1	2
采样体积/L		
标准体积（V_0）/L		

（三）样品的测定

采样后于暗处放置 20 min（室温 20 ℃以下放置 40 min 以上）后，用水将吸收管中的体积补充至刻线，混匀，按照绘制标准曲线的方法和条件测量试剂空白溶液和样品溶液及现场空白样的吸光度。

当现场空白值高于或低于试剂空白值时，应以现场空白值为准，对该采样点的实测数据进行校正。

记录二氧化氮样品的测定结果于表 7 中。

表 7　二氧化氮样品的测定

平行样品号	1	2
样品溶液的吸光度		
试剂空白溶液的吸光度		
现场空白样的吸光度		
氮氧化物含量（以 NO_2^- 计）/（μg/mL）		

五、数据处理

$$\text{氮氧化物含量（以 } NO_2^- \text{ 计，} mg/m^3\text{）} = \frac{(A - A_0 - a)V}{bfV_0}$$

式中　A、A_0——样品溶液和试剂空白溶液的吸光度；

a、b——标准曲线的斜率和截距；

V——移取吸收液的体积，mL；

V_0——换算为标准状态下的采样体积；

f——Saltzman 实验系数，0.88。

根据上式计算氮氧化物含量。

六、注意事项

1．吸收液应避光，以防止光照使吸收液显色而使空白值增高。

2．如果测定总氮氧化物，则在测定过程中，应注意观察氧化管是否板结，或者变成绿色。若板结会使采样系统阻力增大，影响流量；若变绿，表示氧化管已经失效。

3．吸收后的溶液若显黄棕色，表明吸收液已受到三氧化铬的污染，则该样品应报废，需重新配制吸收液，然后再重新实验。

4．采样过程中防止太阳光照射，因在阳光照射下采集的样品颜色偏黄，非玫红色列。

七、思考题

1．如果测定总氮氧化物，须在本实验装置上增加何种装置?

2．当控制采样的流量一定时，在采样过程中，可怎样简便而快速地确定合理的采样时间?

实验十五 大气中苯系物的测定[1]

一、实验目的

1. 了解苯系物的环境危害。

2. 掌握大气中苯系物的测定方法。

二、方法介绍

（一）适用范围

本方法的适用范围为环境空气、室内空气和工业废气。

（二）目标组分

本方法的目标组分有八种，包括苯、甲苯、乙苯、对二甲苯、邻二甲苯、间二甲苯、异丙苯和苯乙烯，在选定的色谱柱和分析条件下，各组分互不干扰，且有良好的分离度。

（三）检出限

按照 HJ 584—2010《环境空气 苯系物的测定 活性炭吸附/二硫化碳解吸-气相色谱法》中样品分析的全部步骤，对浓度值（含量）为估计方法检出限值 1～5 倍的样品进行 7 次平行测定。计算 7 次平行测定的标准偏差，按下式计算方法检出限。

$$\mathrm{MDL} = t_{(n-1,0.99)}S$$

式中 MDL——方法检出限；

n——样品的平行测定次数；

t——自由度为 n–1，置信度为 99%时的 t 分布；

S——n 次平行测定的标准偏差。

其中，当自由度为 n–1，置信度为 99%时的 t 值可参考表 8 取值。

表 8 t值表

平行测定次数	自由度为（n–1）	$t_{(n-1,\ 0.99)}$
7	6	3.143

[1] 本实验方法部分内容引用了 HJ 1261—2022《固定污染源废气中苯系物测定新标准》。

三、实验仪器

1．气相色谱仪：配有火焰离子化检测器（FID）。

2．色谱柱

填充柱：材质为硬质玻璃或不锈钢，长 2 m，内径 3～4 mm，内填充涂覆 2.5%邻苯二甲酸二壬酯（DNP）和 2.5%有机皂土-34（bentone）的 Chromsorb G·DMCS（80～100 目）。

毛细管柱：固定液为聚乙二醇（PEG-20M），30 m × 0.32 mm × 1.00 μm 或等效毛细管柱。

3．采样装置：无油采样泵，能在 0～1.5 L/min 内精确保持流量。

4．活性炭采样管：采样管内装有两段特制的活性炭，A 段 100 mg，B 段 50 mg。A 段为采样段，B 段为指示段，详见图 1。

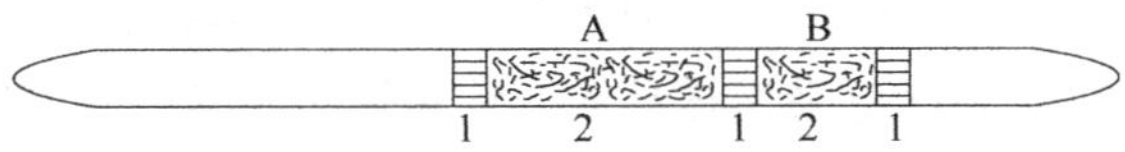

图1　活性炭采样管

1—玻璃棉；2—活性炭；A—100 mg 活性炭；B—50 mg 活性炭

5．温度计：精度 0.1 ℃。

6．气压计：精度 0.01 kPa。

7．微量进样器：1～5 μL，精度 0.1 μL。

8．移液管：1.00 mL。

9．磨口具塞试管：5 mL。

10．一般实验室常用仪器设备。

四、试剂

1．标准溶液：各苯系物标准溶液。取适量色谱纯的苯、甲苯、乙苯、邻二甲苯、间二甲苯、对二甲苯、异丙苯和苯乙烯配制于一定体积的二硫化碳中。也可使用有证标准溶液。

2．二硫化碳：分析纯（经色谱鉴定无干扰峰）。

3．气体：载气——氮气，纯度 99.999%，用净化管净化；燃烧气——氢气，纯度 99.99%；助燃气——空气，用净化管净化。

五、实验步骤

（一）样品采集与保存

1．样品采集：

（1）采样前应对采样器进行流量校准。在采样现场，将采样管与空气采样装置相连，调整采样装置流量，此采样管仅作为调节流量用，不用作采样分析。

（2）敲开活性炭采样管的两端，与采样器相连（A 段为气体入口），检查采样系统的气密性。以 0.2～0.6 L/min 的流量采气 1～2 h（废气采样时间 5～10 min）。若现场大气中含有较多颗粒物，可在采样管前连接过滤头。同时记录采样器流量、当前温度、气压及采样时间和地点。

（3）采样完毕前，再次记录采样流量，取下采样管，立即用聚四氟乙烯帽密封。

2．现场空白样品的采集：将活性炭管运输到采样现场，敲开两端后立即用聚四氟乙烯帽密封，并同已采集样品的活性炭管一同存放并带回实验室分析。每次采集样品，都应至少带一个现场空白样品。

3．样品的保存：采集好样品后，立即用聚四氟乙烯帽将活性炭采样管的两端密封，避光密闭保存，室温下 8 h 内测定。否则放入密闭容器中，保存于 −20 ℃冰箱中，保存期限为一日。

4．样品的解吸：将活性炭采样管中 A 段和 B 段取出，分别放入磨口具塞试管中，每个试管中各加入 1.00 mL 二硫化碳密闭，轻轻振动，在室温下解吸 1 h 后，待测。

（二）分析条件

1．填充柱气相色谱法参考条件：载气流速 50 mL/min；进样口温度 150 ℃；检测器温度 150 ℃；柱温 65 ℃；氢气流量 40 mL/min；空气流量 400 mL/min。

2．毛细管柱气相色谱法参考条件：柱箱温度 65 ℃保持 10 min，以 5 ℃/min 速率升温到 90 ℃保持 2 min；柱流量 2.6 mL/min；进样口温度 150 ℃；检测器温度 250 ℃；尾吹气流量 30 mL/min；氢气流量 40 mL/min；空气流量 400 mL/min。

（三）校准

1．校准曲线的绘制：分别取适量的标准溶液，稀释到 1.00 mL 的二硫化碳中，配制质量浓度依次为 0.5 μg/mL、1.0 μg/mL、10 μg/mL、20 μg/mL 和 50 μg/mL 的校准系列溶液。分别取校准系列溶液 1.0 μL 注射到气相色谱仪进样口。根据各目标组分质量和响应值绘制校准曲线。

2．标准色谱图：毛细管柱参考色谱图见图2，填充柱参考色谱图见图3。

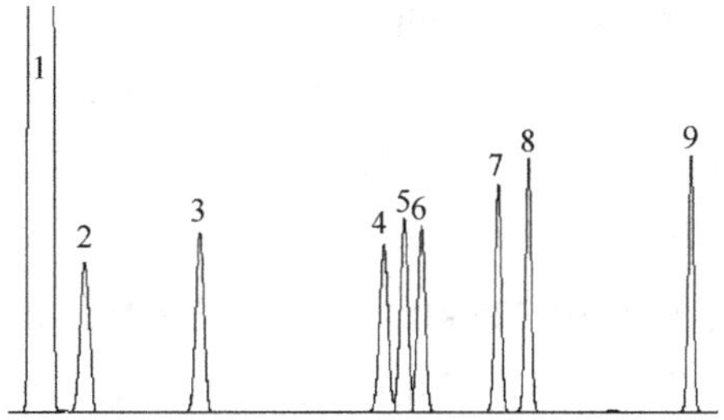

图2　毛细管柱色谱图

1—二硫化碳；2—苯；3—甲苯；4—乙苯；5—对二甲苯；6—间二甲苯；7—异丙苯；8—邻二甲苯；9—苯乙烯

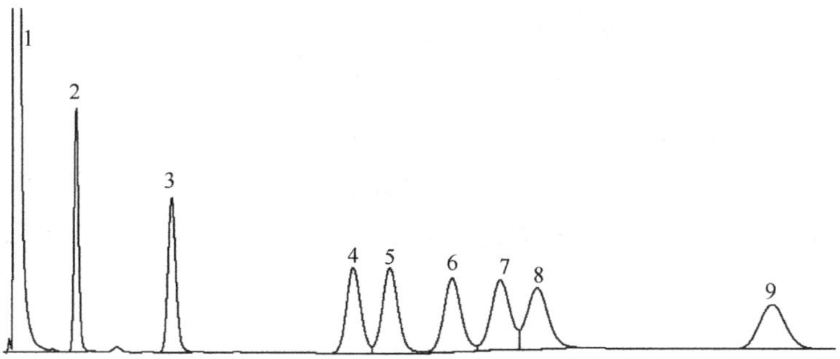

图3　填充柱色谱图

1—二硫化碳；2—苯；3—甲苯；4—乙苯；5—对二甲苯；6—间二甲苯；7—邻二甲苯；8—异丙苯；9—苯乙烯

（四）测定

取制备好的试样 1.0 μL，注射到气相色谱仪中，调整分析条件，目标组分经色谱柱分离后，由 FID 进行检测。记录色谱峰的保留时间和相应值。

1．定性分析：根据保留时间定性。

2．定量分析：根据校准曲线计算目标组分含量。

（五）空白试验

现场空白活性炭管与已采样的样品管同批测定，分析步骤同“（四）”。

六、数据处理

1．气体中目标化合物浓度，按照下式进行计算。

$$c = \frac{(W - W_0) \times V}{V_{nd}}$$

式中 c——气体中被测组分浓度，mg/m^3；

W——由校准曲线计算的样品解吸液的浓度，μg/mL；

W_0——由校准曲线计算的空白解吸液的浓度，μg/mL；

V——解吸液体积，mL；

V_{nd}——标准状态下（101.325 kPa，0 ℃）的采样体积，L。

2．结果表示：当测定结果小于 0.1 mg/m^3 时，保留到小数点后四位；大于等于 0.1 mg/m^3 时，保留三位有效数字。

七、注意事项

1．当空气中水蒸气或水雾太大，以致在活性炭管中凝结时，影响活性炭管的穿透体积及采样效率，空气湿度应小于 90%。

2．采样前后的流量相对偏差应在 10%以内。

3．活性炭采样管的吸附效率应在 80%以上，即 B 段活性炭所收集的组分应小于 A 段的 25%，否则应调整流量或采样时间，重新采样。按下式计算活性炭管的吸附效率（%）。

$$K = \frac{m_1}{m_1 + m_2} \times 100$$

式中 K——采样吸附效率，%；

m_1——A 段采样量，ng；

m_2——B 段采样量，ng。

4．每批样品分析时应带一个校准曲线中间浓度校核点，中间浓度校核点测定值与校准曲线相应点浓度的相对误差应不超过 20%。若超出允许范围，应重新配制中间浓度点标准溶液，若还不能满足要求，应重新绘制校准曲线。

实验十六　大气中二氧化硫的测定——甲醛吸收-盐酸副玫瑰苯胺分光光度法[1]

一、实验目的

1．掌握环境空气中二氧化硫的甲醛吸收-盐酸副玫瑰苯胺分光光度法测定原理。

2．熟悉大气样品的采集过程。

二、实验原理

二氧化硫被甲醛缓冲溶液吸收后，生成稳定的羟甲基磺酸加合物，在样品溶液中加入氢氧化钠使加合物分解，释放出的二氧化硫与副玫瑰苯胺作用，生成紫红色化合物，用分光光度计在波长 577 nm 处测量吸光度。

$$SO_2 + H_2O + HCHO \longrightarrow HOCH_2SO_3H$$

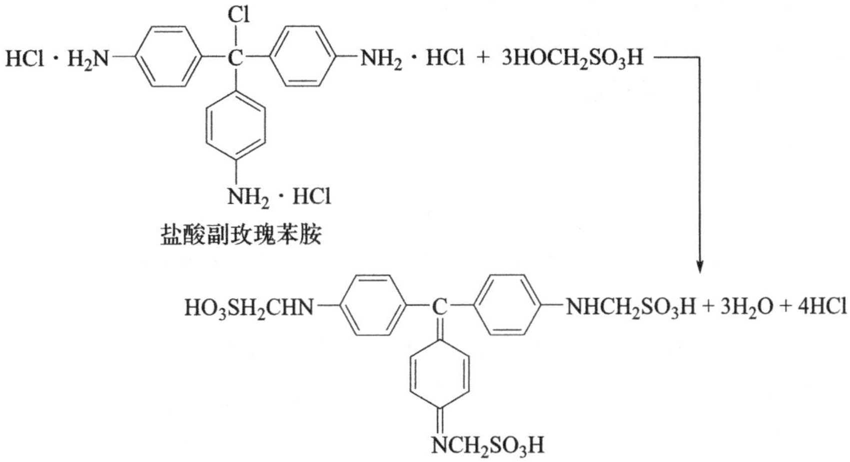

盐酸副玫瑰苯胺

玫瑰紫色或紫红色化合物

当使用 10 mL 吸收液，采样体积为 30 L 时，二氧化硫的测定下限为 0.028 mg/m³，测定上限为 0.667 mg/m³。当使用 50 mL 吸收液，采样体积为 288 L，测定试样体积为 10 mL 时，空气中二氧化硫测定下限为 0.014 mg/m³，测定上限为 0.347 mg/m³。

方法主要干扰物为氮氧化物、臭氧及某些重金属元素。采样后放置一段时

[1] 本实验方法部分内容引用了 HJ 482—2009《环境空气　二氧化硫的测定　甲醛吸收-副玫瑰苯胺分光光度法》。

间可使臭氧自行分解；加入氨基磺酸钠溶液可消除氮氧化物的干扰；吸收液中加入磷酸及环己二胺四乙酸二钠盐可以消除或减少某些金属离子的干扰。10 mL 样品溶液中含有 50 μg 钙、镁、铁、镍、镉、铜等金属离子及 5 μg 二价锰离子时，对本方法测定不产生干扰。当 10 mL 样品溶液中含有 10 μg 二价锰离子时，可使样品的吸光度降低 27%。

三、实验仪器和设备

1. 分光光度计。

2. 多孔玻板吸收管：10 mL 多孔玻板吸收管，用于短时间采样；50 mL 多孔玻板吸收管，用于 24 h 连续采样。

3. 恒温水浴：0～40 ℃，控制精度为±1 ℃。

4. 10 mL 具塞比色管：用过的比色管和比色皿应及时用盐酸-乙醇清洗液浸洗，否则红色难以洗净。

5. 空气采样器：用于短时间采样的普通空气采样器，流量范围 0.1～1 L/min，应具有保温装置；用于 24 h 连续采样的采样器应具备恒温、恒流、计时、自动控制开关的功能，流量范围 0.1～0.5 L/min。

6. 一般实验室常用仪器。

四、试剂

1. 碘酸钾（KIO_3）：优级纯，经 110 ℃干燥 2 h。

2. 氢氧化钠溶液［$c(NaOH) = 1.5$ mol/L］：称取 6.0 g NaOH，溶于 100 mL 水中。

3. 环己二胺四乙酸二钠溶液［c（CDTA-2Na）= 0.05 mol/L］：称取 1.82 g 反式 1,2-环己二胺四乙酸（CDTA），加入氢氧化钠溶液 6.5 mL，用水稀释至 100 mL。

4. 甲醛缓冲吸收贮备液：吸取 36%～38%的甲醛溶液 5.5 mL，CDTA-2Na 溶液 20.00 mL；称取 2.04 g 邻苯二甲酸氢钾，溶于少量水中；将三种溶液合并，再用水稀释至 100 mL，贮于冰箱可保存 1 年。

5. 甲醛缓冲吸收液：用水将甲醛缓冲吸收贮备液稀释 100 倍。临用时现配。

6. 氨基磺酸钠溶液［$\rho(NaH_2NSO_3) = 6.0$ g/L］：称取 0.60 g 氨基磺酸（H_2NSO_3H）置于 100 mL 烧杯中，加入 4.0 mL 氢氧化钠溶液，用水搅拌至完全溶解后稀释至 100 mL，摇匀。此溶液密封可保存 10 天。

7. 碘贮备液［$c(1/2I_2) = 0.10$ mol/L］：称取 12.7 g 碘（I_2）于烧杯中，加入 40 g 碘化钾和 25 mL 水，搅拌至完全溶解，用水稀释至 1000 mL，贮存于

棕色细口瓶中。

8．碘溶液［c（$1/2I_2$）= 0.010 mol/L］：量取碘贮备液 50 mL，用水稀释至 500 mL，贮于棕色细口瓶中。

9．淀粉溶液（c = 5.0 g/L）：称取 0.5 g 可溶性淀粉于 150 mL 烧杯中，用少量水调成糊状，慢慢倒入 100 mL 沸水，继续煮沸至溶液澄清，冷却后贮于试剂瓶中。

10．碘酸钾基准溶液［c（$1/6KIO_3$）= 0.1000 mol/L］：准确称取 3.5667 g 碘酸钾溶于水，移入 1000 mL 容量瓶中，用水稀至标线，摇匀。

11．盐酸溶液［c（HCl）=1.2 mol/L］：量取 100 mL 浓盐酸，用水稀释至 1000 mL。

12．硫代硫酸钠标准贮备液［c（$Na_2S_2O_3$）= 0.10 mol/L］：称取 25.0 g 硫代硫酸钠（$Na_2S_2O_3 \cdot 5H_2O$），溶于 1000 mL 新煮沸但已冷却的水中，加入 0.2 g 无水碳酸钠，贮于棕色细口瓶中，放置一周后备用。如溶液呈现浑浊，必须过滤。

13．硫代硫酸钠标准溶液［c（$Na_2S_2O_3$）=（0.01±0.00001）mol/L］：取 50.0 mL 硫代硫酸钠标准贮备液置于 500 mL 容量瓶中，用新煮沸但已冷却的水稀释至标线，摇匀。

标定方法：吸取三份 20.00 mL 碘酸钾基准溶液分别置于 250 mL 碘量瓶中，加 70 mL 新煮沸但已冷却的水，加 1 g 碘化钾，振摇至完全溶解后，加 10 mL 盐酸溶液，立即盖好瓶塞，摇匀。于暗处放置 5 min 后，用硫代硫酸钠标准溶液滴定溶液至浅黄色，加 2 mL 淀粉溶液，继续滴定至蓝色刚好褪去为终点。硫代硫酸钠标准溶液的摩尔浓度按下式计算：

$$c_1 = \frac{0.1000 \times 20.00}{V}$$

式中　c_1——硫代硫酸钠标准溶液的摩尔浓度，mol/L；

　　V——滴定所消耗硫代硫酸钠标准溶液的体积，mL。

14．乙二胺四乙酸二钠（EDTA-2Na）溶液（ρ = 0.50 g/L）：称取 0.25 g 乙二胺四乙酸二钠溶于 500 mL 新煮沸但已冷却的水中。临用时现配。

15．亚硫酸钠溶液［c（Na_2SO_3）= 1.0 g/L］：称取 0.2 g 亚硫酸钠（Na_2SO_3），溶于 200 mL EDTA-2Na 溶液中，缓缓摇匀以防充氧，使其溶解。放置 2～3 h 后标定。此溶液每毫升相当于 320～400 μg 二氧化硫。

16．二氧化硫标准溶液［c（SO_2）= 1.0 μg/mL］：用甲醛吸收液将二氧化硫标准贮备溶液稀释成每毫升含 1.0 μg 二氧化硫的标准溶液。此溶液用于绘制校准曲线，在4～5 ℃下冷藏，可稳定1个月。

标定方法：

（1）取6个250 mL碘量瓶（A1、A2、A3、B1、B2、B3），分别加入50.0 mL碘溶液（0.01 mol/L）。在A1、A2、A3 内各加入25.00 mL水，在B1、B2内加入25.00 mL亚硫酸钠溶液（1 g/L）盖好瓶盖。

（2）立即吸取2.00 mL亚硫酸钠溶液（1 g/L）加入一个已装有40～50 mL甲醛缓冲吸收贮备液的100 mL容量瓶中，并用甲醛缓冲吸收贮备液稀释至标线、摇匀。此溶液即为二氧化硫标准贮备溶液，在4～5 ℃下冷藏，可稳定6个月。

（3）紧接着再吸取25.00 mL亚硫酸钠溶液（1 g/L）加入B3内，盖好瓶塞。

（4）A1、A2、A3、B1、B2、B3 六个瓶子于暗处放置5 min后，用硫代硫酸钠标准溶液（0.01 mol/L±0.00001 mol/L）滴定至浅黄色，加5 mL淀粉溶液（作为指示剂）（c = 5.0 g/L），继续滴定至蓝色刚刚消失。平行滴定所用硫代硫酸钠标准溶液的体积之差应不大于0.05 mL。

二氧化硫标准贮备溶液的质量浓度由下式计算：

$$c_1 = \frac{(V_0 - V) \times c_2 \times 32.02 \times 10^3}{25.00} \times \frac{2.00}{100}$$

式中 c_1——二氧化硫标准贮备溶液的质量浓度，μg/mL；

V_0——空白滴定所用硫代硫酸钠标准溶液的体积，mL；

V——样品滴定所用硫代硫酸钠标准溶液的体积，mL；

c_2——硫代硫酸钠标准溶液的浓度，mol/L。

17．盐酸副玫瑰苯胺（PRA，即副品红或对品红）贮备液（c = 0.02 g/L）：其纯度应达到副玫瑰苯胺提纯及检验方法（HJ 482—2009 附录A）的质量要求。

18．副玫瑰苯胺溶液（c = 0.005 g/L）：吸取25.00 mL盐酸副玫瑰苯胺贮备液于100 mL容量瓶中，加30 mL 85%（体积分数）的浓磷酸，12 mL浓盐酸，用水稀释至标线，摇匀，放置过夜后使用。避光密封保存。

19．盐酸-乙醇清洗液：由三份（1+4）盐酸和一份95%（体积分数）乙醇混合配制而成，用于清洗比色管和比色皿。

五、实验过程

（一）样品采集与保存

1．短时间采样：采用内装10 mL吸收液的多孔玻板吸收管，以0.5 L/min的流量采气45～60 min。吸收液温度保持在23～29 ℃范围。

2．24 h 连续采样：用内装 50 mL 吸收液的多孔玻板吸收瓶，以 0.2 L/min 的流量连续采样 24 h。吸收液温度保持在 23～29 ℃范围。

3．现场空白：将装有吸收液的采样管带到采样现场，除了不采气之外，其他环境条件与样品相同。

注 1：样品采集、运输和贮存过程中应避免阳光照射。

注 2：放置在室（亭）内的 24 h 连续采样器，进气口应连接符合要求的空气质量集中采样管路系统，以减少二氧化硫进入吸收瓶前的损失。

（二）校准曲线的绘制

取 16 支 10 mL 具塞比色管，分 A、B 两组，每组 7 支，分别对应编号 0～6。A 组按表 9 配制校准系列。

表 9　二氧化硫校准系列

管号	0	1	2	3	4	5	6
二氧化硫标准溶液（1.00 μg/mL）/mL	0	0.50	1.00	2.00	5.00	8.00	10.00
甲醛缓冲吸收液/mL	10.00	9.50	9.00	8.00	5.00	2.00	0
二氧化硫含量/（μg/10 mL）	0	0.50	1.00	2.00	5.00	8.00	10.00

在 A 组各管中分别加入 0.5 mL 氨基磺酸钠溶液和 0.5 mL 氢氧化钠溶液，混匀。在 B 组各管中分别加入 1.00 mL PRA 溶液。将 A 组各管的溶液迅速地全部倒入对应编号并盛有 PRA 溶液的 B 管中，立即加塞混匀后放入恒温水浴装置中显色。在波长 577 nm 处，用 10 mm 比色皿，以水为参比测量吸光度。以空白校正后各管的吸光度为纵坐标，以二氧化硫的质量浓度（μg/10 mL）为横坐标，用最小二乘法建立校准曲线的回归方程。显色温度与室温之差不应超过 3 ℃。根据季节和环境条件按表 10 选择合适的显色温度与显色时间。

表 10　显色温度与显色时间

显色温度/℃	10	15	20	25	30
显色时间/min	40	25	20	15	5
稳定时间/min	35	25	20	15	10
试剂空白吸光度 A_0	0.030	0.035	0.040	0.050	0.060

（三）样品测定

1．样品溶液中如有浑浊物，则应离心分离除去。

2．样品放置 20 min，以使臭氧分解。

3．短时间采集的样品：将吸收管中的样品溶液移入 10 mL 比色管中，用少量甲醛缓冲吸收液洗涤吸收管，洗液并入比色管中并稀释至标线。加入 0.5 mL 氨基磺酸钠溶液，混匀，放置 10 min 以除去氮氧化物的干扰。后续步骤同校准曲线的绘制。

4．连续 24 h 采集的样品：将吸收瓶中样品移入 50 mL 容量瓶（或比色管）中，用少量甲醛缓冲吸收液洗涤吸收瓶后再倒入容量瓶（或比色管）中，并用吸收液稀释至标线。吸取适当体积的试样（视浓度高低而决定取 2～10 mL）于 10 mL 比色管中，再用吸收液稀释至标线，加入 0.5 mL 氨基磺酸钠溶液，混匀，放置 10 min 以除去氮氧化物的干扰，后续步骤同校准曲线的绘制。

六、数据处理

（一）空气中二氧化硫的质量浓度

空气中二氧化硫的质量浓度，按下式计算：

$$c=\frac{A-A_0-a}{b\times V_s}\times\frac{V_t}{V_a}$$

式中 c——空气中二氧化硫的质量浓度，mg/m^3；

A——样品溶液的吸光度；

A_0——试剂空白溶液的吸光度；

b——校准曲线的斜率，吸光度×10 mL/μg；

a——校准曲线的截距（一般要求小于 0.005）；

V_t——样品溶液的总体积，mL；

V_a——测定时所取试样的体积，mL；

V_s——换算成标准状态下（101.325 kPa，273 K）的采样体积，L。

计算结果准确到小数点后三位。

（二）数据的精密度和准确度

1．精密度：实验室测定浓度为 0.101 μg/mL 的二氧化硫统一标准样品，重复性相对标准偏差小于 3.5%，再现性相对标准偏差小于 6.2%。个别实验室测定浓度为 0.515 μg/mL 的二氧化硫统一标准样品，重复性相对标准偏差小于 1.4%，再现性相对标准偏差小于 3.8%。

2．准确度：测量 105 个浓度范围在 0.01～1.70 μg/mL 的实际样品，加标回收率范围在 96.8%～108.2%内。

实验十七　环境空气 PM_{10} 和 $PM_{2.5}$ 的测定——重量法

一、实验目的

1．了解环境空气中 PM_{10} 和 $PM_{2.5}$ 的重量法测定的原理与过程。

2．掌握手工空气采样的方法。

3．掌握重量法测定环境空气中 PM_{10} 和 $PM_{2.5}$ 的方法。

二、方法原理

PM_{10} 指悬浮在空气中，空气动力学直径小于等于 10 μm 的颗粒物。

$PM_{2.5}$ 指悬浮在空气中，空气动力学直径小于等于 2.5 μm 的颗粒物。

分别通过具有一定切割特性的采样器，以恒速抽取定量体积空气，使环境空气中 $PM_{2.5}$ 和 PM_{10} 被截留在已知质量的滤膜上，根据采样前后滤膜的质量差和采样体积，计算出 $PM_{2.5}$ 和 PM_{10} 浓度。本方法的检出限为 0.010 mg/m^3（以感量 0.1 mg 分析天平，样品负载量为 1.0 mg，采集 108 m^3 空气样品计）。

三、实验仪器和材料

1．切割器

PM_{10} 切割器、采样系统：切割粒径 Da_{50} =（10±0.5）μm；捕集效率的几何标准差 σ_g =（1.5±0.1）μm。

$PM_{2.5}$ 切割器、采样系统：切割粒径 Da_{50} =（2.5±0.2）μm；捕集效率的几何标准差 σ_g =（1.2±0.1）μm。

2．采样器孔口流量计或其他符合 HJ 618—2011 技术指标要求的流量计。

大流量流量计：量程为 0.8～1.4 m^3/min；误差≤2%。

中流量流量计：量程为 60～125 L/min；误差≤2%。

小流量流量计：量程 $<$ 30 L/min；误差≤2%。

3．滤膜：根据样品采集目的，可选用玻璃纤维滤膜、石英滤膜等无机滤膜或聚氯乙烯、聚丙烯、混合纤维素等有机滤膜。滤膜对 0.3 μm 标准粒子的截留效率不低于 99%。空白滤膜进行平衡处理至恒重，称量后，放入干燥器中备用。

4．分析天平：感量 0.1 mg。

5．恒温恒湿箱（室）：箱（室）内空气温度在 15～30 ℃范围内可调，控温精度±1 ℃。箱（室）内空气相对湿度应控制在 50%±5%。恒温恒湿箱（室）

可连续工作。

6. 干燥器：内盛变色硅胶。

四、实验步骤

（一）样品采集与保存

1. 采样点位的选取

采样点位应具有较好的代表性（必要时进行现场踏勘后确定），应地处相对安全、交通便利、电源和防火措施有保障的地方，点位的布设和数量应满足实验目的和要求，测定结果能客观反映一定空间范围内空气质量水平或空气中所测污染物浓度水平。

采样点周围水平面应保证有270°以上的捕集空间，应避开污染源及障碍物。不能有阻碍空气流动的高大建筑、树木或其他障碍物；如果采样口一侧靠近建筑，采样口周围水平面应有180°以上的自由空间。从采样口到附近最高障碍物之间的水平距离，应为该障碍物与采样口高度差的两倍以上，或从采样口到建筑物顶部与地平线的夹角小于30°。

采样不宜在风速大于8 m/s等天气条件下进行。如果测定交通枢纽处PM_{10}和$PM_{2.5}$采样点应布置在距人行道边缘外侧1 m处。

2. 滤膜要求与采样器安装

采样滤膜可选用玻璃纤维滤膜、石英滤膜等无机滤膜或聚氯乙烯、聚丙烯、聚四氟乙烯、混合纤维素等有机滤膜。滤膜应厚薄均匀，无针孔、无毛刺。PM_{10}滤膜对0.3 μm标准粒子的截留效率≥99%，$PM_{2.5}$滤膜对0.3 μm标准粒子的截留效率≥99.7%。

PM_{10}和$PM_{2.5}$采样器必须进行事先气密性检查，采样器的安装支架应能够牢固支撑采样器，有安装孔和固定装置，能将采样器固定于地面或者采样平台，采样器应具备防雨、防雪功能。

3. 过程记录与流量选取

采样过程应全程记录采样起止时间、流量、气温、气压等参数。

大流量采样器工作点流量为1.05 m³/min；中流量采样器工作点流量为100 L/min；小流量采样器工作点流量为16.67 L/min。

$PM_{2.5}$采样应满足：平均流量偏差为±5%设定流量；流量相对标准偏差≤2%；平均流量示值误差≤2%。

4．采样

采样器口距地面高度不得低于 1.5 m。采用间断采样方式测定日平均浓度时，其次数不应少于 4 次，累积采样时间不应少于 18 h。

采样时，将已称重的滤膜（已称恒重）用镊子放入洁净采样夹内的滤网上，滤膜毛面应朝进气方向。将滤膜牢固压紧至不漏气。如果测定任何一次浓度，每次需更换滤膜；如测日平均浓度，样品可采集在一张滤膜上。采样结束后，用镊子取出。将有尘面两次对折，放入样品盒或纸袋，并做好采样记录。

5．样品保存

样品（滤膜）采集完成后，应将样品密封后放入样品箱。样品箱再次密封后尽快送至实验室分析，并做好样品交接记录。如不能立即称重，应在 4 ℃条件下冷藏保存。

送样途中应防止样品受到撞击或剧烈振动而损坏，应避免阳光直射。需要低温保存的样品，在运输过程中应采取相应的冷藏措施，防止样品变质。

（二）分析步骤

将滤膜放在恒温恒湿箱（室）中平衡 24 h，平衡条件为：温度取 15～30 ℃中任何一点，相对湿度控制在 45%～55%范围内。记录平衡温度与湿度。在上述平衡条件下，用感量为 0.1 mg 的分析天平称量滤膜，记录滤膜质量。同一滤膜在恒温恒湿箱（室）中相同条件下，静置 1 h 后称重。对于 PM_{10} 和 $PM_{2.5}$ 颗粒物样品滤膜，两次质量之差分别小于 0.4 mg 为满足恒重要求。

五、数据处理

$PM_{2.5}$ 和 PM_{10} 浓度按下式计算：

$$c = \frac{m_2 - m_1}{V} \times 1000$$

式中 c——PM_{10} 或 $PM_{2.5}$ 浓度，mg/m^3；

m_2——采样后滤膜的质量，g；

m_1——空白滤膜的质量，g；

V——已换算成标准状态（101.325 kPa，273 K）下的采样体积，m^3。

计算结果保留 3 位有效数字。

六、注意事项

1．采样器每次使用前需进行流量校准。校准方法按“七、采样器流量校准方法”执行。

2．滤膜使用前均需进行检查，不得有针孔或任何缺陷。滤膜称量时要消除静电的影响。

3．取清洁滤膜若干张，在恒温恒湿箱（室），按平衡条件平衡 24 h，称重。每张滤膜非连续称量 10 次以上，每张滤膜的平均值为该张滤膜的原始质量。以上述滤膜作为“标准滤膜”。每次称滤膜的同时，称量两张“标准滤膜”。若标准滤膜称出的质量在原始质量±5 mg（大流量），±0.5 mg（中流量和小流量）范围内，则认为该批样品滤膜称量合格，数据可用。否则应检查称量条件是否符合要求并重新称量该批样品滤膜。

4．要经常检查采样头是否漏气。当滤膜安放正确，采样系统无漏气时，采样后滤膜上颗粒物与四周白边之间界限应清晰，如出现界限模糊时，则表明应更换滤膜密封垫。

5．对电机有电刷的采样器，应尽可能在电机由于电刷原因停止工作前更换电刷，以免使采样失败。更换时间视以往情况确定。更换电刷后要重新校准流量。新更换电刷的采样器应在负载条件下运转 1 h，待电刷与转子的整流子良好接触后，再进行流量校准。

6．当 PM_{10} 或 $PM_{2.5}$ 含量很低时，采样时间不能过短。对于感量为 0.1 mg 的分析天平，滤膜上颗粒物负载量应大于 1 mg，以减少称量误差。

7．采样前后，滤膜称量应使用同一台分析天平。

七、采样器流量校准方法

新购置或维修后的采样器在启用前应进行流量校准，正常使用的采样器每月需进行一次流量校准。采用传统孔口流量计和智能流量校准器的操作步骤分别如下。

（一）孔口流量计

1．从气压计、温度计分别读取环境大气压和环境温度。

2．将采样器采气流量换算成标准状态下的流量，计算公式如下：

$$Q_n = Q \times \frac{p_1 \times T_n}{p_n \times T_1}$$

式中　Q_n——标准状态下的采样器流量，m^3/min；

Q——采样器采气流量，m^3/min；

p_1——流量校准时环境大气压力，kPa；

T_n——标准状态下的热力学温度，273 K；

T_1——流量校准时环境温度，K；

p_n——标准状态下的大气压力，101.325 kPa。

3．将计算的标准状态下流量 Q_n 代入下式，求出修正项

$$y = b \times Q_n + a$$

式中，斜率 b 和截距 a 由孔口流量计的标定部门给出。

4．计算孔口流量计压差值 ΔH（Pa）：

$$\Delta H = \frac{y^2 \times p_n \times T_1}{p_1 \times T_n}$$

5．打开采样头的采样盖，按正常采样位置，放一张干净的采样滤膜，将大流量孔口流量计的孔口与采样头密封连接。孔口的取压口接好 U 形压差计。

6．接通电源，开启采样器，待工作正常后，调节采样器流量，使孔口流量计压差值达到计算的 ΔH，并填入表 11 采样器流量校准记录表。

表 11　采样器流量校准记录表

校准日期	采样器编号	采样器采气流量 Q①	孔口流量计编号	环境温度 T_1/K	环境大气压 p_1/kPa	孔口压差计算值 ΔH/Pa	校准人

① 大流量采样器流量单位为 m^3/min，中、小流量采样器流量单位为 L/min。

（二）智能流量校准器

1．工作原理：孔口取压嘴处的压力经硅胶管连至校准器取压嘴，传递给微压差传感器。微压差传感器输出压力电信号，经放大处理后由 AD 转换器将模拟电压转换为数字信号。经单片机计算处理后，显示流量值。

2．操作步骤：

（1）从气压计、温度计分别读取环境大气压和环境温度。

（2）将智能孔口流量校准器接好电源，开机后进入设置菜单，输入环境温度和压力值，确认后退出。

（3）选择合适流量范围的工作模式，距仪器开机超过 2 min 后方可进入测量菜单。

（4）打开采样器的采样盖，按正常采样位置，放一张干净的采样滤膜，将智能流量校准器的孔口与采样头密封连接，待液晶屏右上角出现电池符号后，将仪器的“−”取压嘴和孔口取压嘴相连后，按测量键，液晶屏将显示工况瞬时流量和标况瞬时流量。显示 10 次后结束测量模式，仪器显示此段时间内的平均值。

（5）调整采样器流量至设定值。采用上述两种方法校准流量时，要确保气路密封连接。流量校准后，如发现滤膜上尘的边缘轮廓不清晰或滤膜安装歪斜等情况，表明可能造成漏气，应重新进行校准。校准合格的采样器，即可用于采样，不得再改动调节器状态。

实验十八　大气中甲醛的测定

【方法一】酚试剂分光光度法测定大气中的甲醛[1]

一、实验目的

1. 掌握酚试剂分光光度法测定甲醛的方法。

2. 了解甲醛现场采样方法，分析影响测定准确度的因素与控制方法。

二、实验原理

甲醛与酚试剂反应生成嗪，在酸性溶液中被高铁离子氧化成蓝绿色化合物。在波长 630 nm 下，以水作参比，用分光光度计进行比色测定。

三、实验仪器

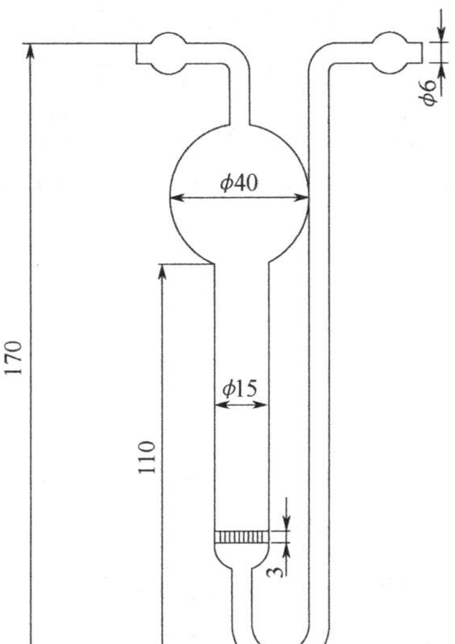

图 4　棕色玻板吸收管（单位：mm）

1. 吸收管：选用大型气泡吸收管，或棕色玻板吸收管（见图 4）。

2. 空气采样器：流量范围为 0～1.5 L/min，流量稳定可调。采样前和采样后应用经计量检定合格的一级皂膜流量计校准空气采样器的流量，误差应小于 5%。

3. 具塞比色管：具 5 mL 刻线的具塞比色管。

4. 分光光度计：可见光分光光度计出光狭缝应小于 20 nm，并配有 1 cm 比色皿。选用 630 nm 作为甲醛的测量波长。

5. 硫酸锰滤纸过滤器：用于排除二氧化硫（SO_2）的干扰。

四、试剂

1. 吸收液原液：称量 0.10 g 酚试剂［$C_6H_4SN(CH_3)C{:}NNH_2 \cdot HCl$，简称

[1] 本实验方法部分内容引用了 GB/T 18204.2—2014《公共场所卫生检验方法　第 2 部分：化学污染物》中的“7.2 酚试剂分光光度法测甲醛”。

MBTH]，加水溶解，转移至 100 mL 容量瓶中，定容至刻度，摇匀，浓度为 1.0 g/L。放入冰箱中保存，保存温度以 2～5 ℃为宜，保存期不应超过 3 天。

2. 吸收液：量取吸收液原液 5 mL 转移至 100 mL 容量瓶中，加水定容至刻度，即为吸收液，浓度为 0.05 g/L。吸收液应在采样前现配，保存期不应超过 1 天。

3. 硫酸铁铵溶液：称量 1.0 g 硫酸铁铵，用 0.1 mol/L 盐酸溶解，并稀释至 100 mL，浓度为 1%。

4. 硫代硫酸钠标准溶液：购买可溯源到国家标准要求的硫代硫酸钠（$Na_2S_2O_3$）标准溶液，浓度为 0.1000 mol/L。

5. 甲醛标准贮备溶液：量取 2.8 mL 浓度为 36%～38%甲醛溶液，转移至 1 L 容量瓶中，加水稀释至刻度，得到甲醛标准贮备溶液。此溶液浓度约为 1.0 g/L，用碘量法标定其准确浓度，标定方法见“九”。此溶液在 2～5 ℃的冰箱中保存，保存期不应超过 3 个月。

6. 甲醛标准工作溶液：临用时吸取甲醛标准贮备溶液 10 mL 于 100 mL 容量瓶中，加水定容至 100 mL 刻度摇匀。此标准溶液浓度为 100 mg/L（或直接购买浓度为 100 mg/L 甲醛标准溶液）。吸取上述标准溶液 2 mL 至 500 mL 容量瓶中，加入 25 mL 酚吸收液原液后用蒸馏水定容至刻度，配成浓度为 0.4 μg/mL 甲醛标准溶液。放置 30 min 后，用于配制甲醛标准系列溶液。此标准工作溶液须在 24 h 内使用。

7. 氢氧化钠溶液：称量 40 g 氢氧化钠（NaOH），溶于水中，并稀释至 1000 mL，浓度为 1 mol/L。

五、实验步骤

（一）采样

1. 采样方法：将吸收管内装 5 mL 吸收液，进气口串联一个硫酸锰滤纸过滤器，设定采样流量为 0.5～0.8 L/min，采样时间为 30～45 min，采集气体体积应为 15～36 L。记录采样时间和采样流量，以及采样开始和结束时的温度和大气压力。采集好的样品应立即密封，冷藏于冰箱中，冷藏温度以 2～5 ℃为宜。样品应在 24 h 内分析。为获得小时平均浓度应连续进行采样，采样时间为 45 min。

2. 现场空白检验：每个采样点每次进行采样时，应随机抽取三个采样管作为预留管不采样，并与样品在相同条件下进行保存和运输。实验室对预留管进行分析测定，得到的平均值为现场空白值。

（二）标准工作曲线的绘制

1. 按表 12 要求将甲醛标准系列溶液及吸收液移入具塞比色管中，制备甲醛标准系列溶液，管 1 及管 7 各制备 2 个。

表 12　甲醛标准系列溶液

管号	0	1	2	3	4	5	6	7
甲醛标准工作溶液体积/mL	0	0.2	0.4	0.6	0.8	1.0	1.5	2.0
吸收液体积/mL	5.00	4.80	4.60	4.40	4.20	4.00	3.50	3.00
各管中甲醛的质量/μg	0	0.08	0.16	0.24	0.32	0.40	0.60	0.80

2. 分别在各管加入 0.40 mL 1%硫酸铁铵溶液，摇匀。室温 25 ℃或 25 ℃水浴下放置 15 min 后，用 1 cm 比色皿，在波长 630 nm 下，以水作参比，用分光光度计比色，测定各管溶液的吸光度。管 1 及管 7 进行平行测定。

3. 以甲醛质量为横坐标，以扣除试剂空白的吸光度为纵坐标，绘制标准工作曲线，并计算标准工作曲线的斜率、截距，得到回归方程：

$$y = bx + a$$

式中　y——标准溶液的吸光度；

x——甲醛质量，μg；

a——方程截距；

b——方程斜率。

（三）样品测定

1. 在每批样品测定的同时，用 5 mL 保留在实验室的吸收液做试剂空白试验，测定试剂空白溶液的吸光度。

2. 每批样品应采用可溯源到国家级标准的甲醛标准样品进行单点校正。将此标准样品按甲醛标准工作溶液的要求配制成浓度为 0.4 μg/mL 标准校验溶液，吸取此溶液 0.80 mL，再以水作参比，用分光光度计比色，测定各管溶液的吸光度，计算此标准样品的浓度并记录。

3. 采样后，将三个现场空白检验管及采样管中的样品溶液全部移入洗涤干净并晾干的具塞比色管中，用少量吸收液洗涤采样管，合并入具塞比色管中使总体积为 5 mL。再以水作参比，用分光光度计比色，测定各管溶液的吸光度。

4. 如果样品溶液吸光度超过标准工作曲线线性范围，应用试剂空白溶液稀释样品显色液后再分析。

六、数据处理

1. 将采样体积换算成标准状态下采样体积，按以下公式换算：

$$V_0 = V_1 \times \frac{T_0}{273+T} \times \frac{p}{p_0}$$

式中 V_0——标准状态下的采样体积，L；

V_1——采样体积，为采样流量与采样时间的乘积，L；

T_0——标准状态下的热力学温度，为 273 K；

p_0——标准状态下的大气压力，为 101.325 kPa；

p——采样时的大气压力，取采样开始和结束时的大气压力的平均值，kPa；

T——采样点的气温，取采样开始和结束时的空气温度的平均值，℃。

2．大气中甲醛浓度按下式计算：

$$c = \frac{(A - A_0)B_0}{V_0}$$

式中 c——大气中甲醛浓度，mg/m^3；

A——样品溶液的吸光度；

A_0——试剂空白溶液的吸光度；

B_0——计算因子，由标准工作曲线斜率的倒数（$1/b$）计算得出，表示每吸光度含有的质量；

V_0——标准状态下的采样体积，L。

七、方法特性

1．测量范围：采样体积为 30 L 时，可测大气甲醛浓度范围为 0.003～0.03 mg/m^3。

2．灵敏度：5 mL 吸收液含有 1 μg 甲醛时，本方法灵敏度应为单位吸光度中含有 2.2～3.0 μg 甲醛。

3．最低检出限：5 mL 吸收液可检出不少于 0.013 μg 的甲醛。

4．方法重现性：5 mL 吸收液含有 0.100～0.615 μg 甲醛时，重复测定 7 次的相对标准偏差小于 1.8%。

八、质量保证与质量控制方法

（一）样品采集的质量保证

1．气密性检查：采样前应对大气采样器的采样系统气密性进行检查，不得漏气。

2．流量校准：采样前和采样后要用经计量检定合格的一级皂膜流量计校准采样器的采样流量，取两次校准的平均值作为采样流量的实际值。两次校准的误差应小于 5%。

3．采样效率：现场用双管串联采样，甲醛含量范围在标准工作曲线线性范围内，采样效率应达到 90%以上。

（二）实验室样品分析质量控制

1．标准溶液：配制标准溶液应采用基准试剂。用称量法称量基准试剂时，应准确称至 0.1 mg，配制标准溶液应使用容量瓶定容。

2．甲醛标准贮备溶液（见“九”）、硫代硫酸钠标准溶液应经过标定，取平行标定结果平均值作为标定值。平行标定结果相对偏差的绝对值应小于 2%，否则需重新标定。

3．标准溶液需分装使用，以避免污染。

4．现场空白检验：进行现场采样时，应同时做现场空白检验。将样品分析时测得的现场空白值与标准工作曲线的零浓度值即试剂空白值进行比较，相对偏差应不大于 50%。若现场空白值超过此控制范围，则这批样品作废，重新进行现场采样。

5．加标回收率：当出现严重大气污染时，应进行样品加标回收率的测定，以排除外界干扰。5 mL 样品溶液中加入 0.246 μg 甲醛，平均加标回收率应为 95%～105%。

6．单点校正：进行单点校正时，标准样品测定值相对误差的绝对值应小于 5%。

7．绘制校准工作曲线时，至少要 6 个浓度点（包括零浓度点）。标准工作曲线相关系数应大于 0.999，且截距与斜率比值的绝对值应小于 0.05，否则应重新绘制标准工作曲线。标准工作曲线应一个月绘制一次。更换试剂时，应重新绘制标准工作曲线。

九、甲醛标准贮备溶液标定方法

（一）试剂

1．碘溶液：称量 40 g 碘化钾，溶于 25 mL 水中，加入 12.7 g 碘。待碘完全溶解后，用水定容至 1000 mL，浓度为 0.1000 mol/L。移入棕色瓶中，于暗处贮存。

2．氢氧化钠溶液：称量 40 g 氢氧化钠，溶于水中，并稀释至 1000 mL，此时溶液浓度为 1 mol/L。

3．硫酸溶液：取 28 mL 浓硫酸缓慢加入水中，冷却后，稀释至 1000 mL，此时溶液浓度为 0.5 mol/L。

4．淀粉溶液：将 0.5 g 可溶性淀粉，用少量水调成糊状后，再加入 100 mL 沸水，并煮沸 2～3 min 至溶液透明。冷却后，加入 0.1 g 水杨酸或 0.4 g 氯化锌保存，此时溶液浓度为 0.5%。

（二）标定

精确量取 20.00 mL 待标定的甲醛标准贮备溶液，置于 250 mL 碘量瓶中，加入 20.00 mL 碘溶液（0.1000 mol/L）和 15 mL 1 mol/L 氢氧化钠溶液，放置 15 min，加入 20 mL 0.5 mol/L 硫酸溶液，再放置 15 min。用 0.1000 mol/L 硫代硫酸钠标准溶液滴定至溶液呈现淡黄色时，加入 1 mL 0.5%淀粉溶液继续滴定至恰使蓝色褪去为止，记录所用硫代硫酸钠标准溶液体积 V_2。同时用水作试剂空白滴定，记录空白滴定所用硫代硫酸钠标准溶液的体积 V_1。两次平行滴定，误差应小于 0.05 mL，否则重新标定。甲醛溶液的浓度用以下公式计算。

$$c=\frac{(V_1-V_2)\times M_1\times 15}{20}$$

式中 c——甲醛标准贮备溶液的浓度，mg/mL；

V_1——试剂空白消耗 0.1000 mol/L 硫代硫酸钠标准溶液的体积，mL；

V_2——甲醛标准贮备溶液消耗 0.1000 mol/L 硫代硫酸钠标准溶液的体积，mL；

M_1——硫代硫酸钠标准溶液的准确摩尔浓度，mol/L。

十、思考题

1．二氧化硫会对甲醛的测定产生什么样的干扰？如何消除？

2．硫酸铁铵的作用是什么？

【方法二】乙酰丙酮分光光度法[1]

一、实验目的

1．掌握大气中甲醛的乙酰丙酮分光光度法的测定方法。

2．了解大气现场手工采样技术和注意事项。

[1] 本实验方法部分内容引用了 GB/T 15516—1995《甲醛的测定 乙酰丙酮分光光度法》。

二、实验原理

甲醛气体经水吸收后，在 pH 为 6 的乙酸-乙酰铵缓冲溶液中，与乙酰丙酮作用,在沸水浴条件下,迅速生成稳定的黄色化合物,用分光光度计在波长 413 nm 处测定。

三、实验仪器

1. 采样器：流量为 0.2～1.0 L/min 的空气采样器。

2. 皂膜流量计。

3. 多孔玻板吸收管：50 mL 或 125 mL，采样流量 0.5 L/min 时，阻力为（6.7±0.7）kPa，单管吸收效率大于 99%。

4. 具塞比色管：25 mL，具 10 mL、25 mL 标线，经校正。

5. 气泡吸收管。

6. 分光光度计：附 1 cm 比色皿。

7. 标准皮托管：具校正系数。

8. 倾斜式微压计。

9. 采样引气管：聚四氟乙烯管，内径 6～7 mm，引气管前端带有玻璃纤维滤料。

10. 空盒气压表。

11. 水银温度计：0～100 ℃。

12. pH 酸度计。

13. 水浴锅。

四、试剂

1. 不含有机物的蒸馏水：加少量高锰酸钾的碱性溶液于水中再进行蒸馏即得（在整个蒸馏过程中水应始终保持红色，否则应随时补加高锰酸钾）。

2. 吸收液：不含有机物的重蒸馏水。

3. 乙酰丙酮溶液（体积分数为 0.25%）：称取 25 g 乙酸铵，加少量水溶解，加 3 mL 无水乙酸及 0.25 mL 新蒸馏的乙酰丙酮，混匀再加水至 100 mL，调整 pH 为 6.0，此溶液于 2～5 ℃贮存，可稳定 1 个月。

4. 甲醛标准贮备溶液：甲醛标准贮备溶液的配制和标定见酚试剂分光光度法相关内容，也可以直接购买商品甲醛贮备溶液。

五、实验步骤

（一）样品采集与保存

1．采样系统由采样引气管、多孔玻板吸收管和空气采样器串联组成。吸收管体积为 50 mL 或 125 mL，吸收液装液量分别为 20 mL 或 50 mL，以 0.5～1.0 L/min 的流量，采气 5～20 min。

2．环境空气采样：用一个内装 5.0 mL 吸收液的气泡吸收管，以 0.5 L/min 流量采样 10 L。

3．样品的保存：采集好的样品于 2～5 ℃贮存，2 d 内分析完毕，以防止甲醛被氧化。

4．采样体积的校准。

（1）流量校准：在采样时用皂膜流量计对空气采样器进行流量校准。采样体积 V_m（L）按下式计算。

$$V_m = Q' \times t$$

式中 Q'——经校准后的流量，L/min；

t——采样时间，min。

（2）压力测量：连接标准皮托管和倾斜式微压计进行测量，空气采样用空盒气压表进行气压读数，废气或空气压力以 p_m（kPa）表示。

（3）温度测量：用水银温度计测量管道废气或空气温度，以 T_m（℃）表示。

（4）体积校准：采气标准状况体积 V_{nd}（L）按下式计算。

$$V_{nd} = V_m \times 2.694 \times \frac{101.325 + p_m}{273 + T_m}$$

式中 V_m——废气或空气采样体积，L；

p_m——废气或空气压力，kPa；

T_m——废气或空气温度，℃；

V_{nd}——废气或空气标准状况（0 ℃，101.325 kPa）采样体积，L。

（二）标准曲线的绘制

取 7 支 25 mL 具塞比色管按表 13 配制标准系列。

表 13　甲醛标准系列配制表

管号	0	1	2	3	4	5	6
甲醛标准贮备溶液体积（5.00 μg/mL）/mL	0	0.2	0.8	2.0	4.0	6.0	7.0
甲醛质量/μg	0	1.0	4.0	10.0	20.0	30.0	35.0

将上述标准系列，用水稀释定容至 10 mL 标线，加体积分数为 0.25%的乙酰丙酮溶液 2.0 mL，混匀，置于沸水浴加热 3 min，取出冷却至室温。使用 1cm 比色皿，以水为参比，于波长 413 nm 处测定吸光度。将上述标准系列的吸光度扣除空白试验（零浓度）的吸光度，便得到校准吸光度 y。以校准吸光度 y 为纵坐标，以甲醛质量 x（μg）为横坐标，绘制标准曲线，或用最小二乘法计算其回归方程。注意：“零浓度”不参与计算。

$$y = bx + a$$

式中 a——标准曲线截距；

b——标准曲线斜率。

（三）样品测定

将吸收后的样品溶液移入 50 mL 或 100 mL 容量瓶中，用水稀释定容。取少于 10 mL 稀释后的样品溶液（吸取量视样品溶液浓度而定）于 25 mL 具塞比色管中，用水定容至 10 mL 标线，加体积分数为 0.25%的乙酰丙酮溶液 2.0 mL，混匀，置于沸水浴加热 3 min，取出冷却至室温。使用 1 cm 比色皿，以水为参比，于波长 413 nm 处测定吸光度。

（四）空白试验

用现场未采样的空白多孔玻板吸收管的吸收液按样品测定步骤进行空白测定。

六、数据处理

（1）样品中甲醛的校准吸光度 y 用下式计算。

$$y = A_s - A_b$$

式中 A_s——样品吸光度；

A_b——空白试验吸光度。

（2）样品中甲醛质量 x（μg）用下式计算。

$$x = \frac{y - a}{b} \times \frac{V_1}{V_2}$$

式中 V_1——定容体积，mL；

V_2——测定取样体积，mL。

（3）废气或环境空气中甲醛质量浓度 ρ（mg/m^3）用下式计算。

$$\rho = x/V_{nd}$$

式中 V_{nd}——所采气体在标准状况（0 ℃，101.325 kPa）下的体积，L。

七、注意事项

日光照射能使甲醛氧化，因此在采样时选用棕色吸收管，在样品运输和存放过程中，都应采取避光措施。

八、思考题

简述环境空气和水中甲醛的主要来源及其危害。

实验十九　固体废物的水分、有机质和养分的测定

【方法一】YN 型肥料测定仪法

一、实验目的

了解固体废物的水分、有机质、养分相关的测定原理。

二、实验原理

1．水分：燃烧失重法，利用酒精燃烧产生的高温，蒸发土壤中的水分，通过失水量计算土壤中的水分。

2．有机质：通过硫酸-重铬酸钾与水稀释热氧化土壤中的有机质后生成的三价铬离子的颜色进行比色测试。

3．有效氮、磷、钾养分：应用联合浸提剂提取土壤中的有效氮、磷、钾后，氮应用靛酚蓝比色法、磷用钼锑抗比色法、钾用四苯硼酸钠比浊法进行测定。

中性、石灰性土联合浸提剂（北方）中各试剂作用如下：H_2O，主要浸提氨态氮；Na_2SO_4，主要浸提硝态氮；NaOAc，主要浸提速效钾；$NaHCO_3$，主要浸提速效磷。

酸性土联合浸提剂（南方）中各试剂作用如下：H_2O，主要浸提氨态氮；NaF，主要浸提速效磷；Na_2SO_4，主要浸提硝态氮；EDTA，主要浸提钾及微量元素；NaOAc，主要浸提速效钾。

三、实验仪器

三角瓶、玻璃瓶、比色皿等实验室常用仪器，铝盒，pH 计（或 pH 试纸），YN 型肥料测定仪。

四、试剂与材料

酒精，重铬酸钾，浓硫酸，蒸馏水，葡萄糖粉，土壤浸提剂，有机质缓氧化剂土壤速效磷掩蔽剂，土壤速效磷显色剂，土壤速效磷还原剂，土壤速效钾掩蔽剂，土壤速效钾助掩蔽剂，土壤速效钾浊度剂。

溶液配制方法如下：

（1）土壤浸提剂　取北方土壤浸提剂一袋，溶解后定容至 500 mL。

（2）重铬酸钾溶液　取重铬酸钾 8 g，溶解后定容至 100 mL。

（3）0.5%碳标准溶液　取葡萄糖粉一袋，加蒸馏水 40 mL，浓硫酸 10 mL，定容至 100 mL。

（4）土壤混合标准液　吸取购买的土壤混合标准液（贮备液）1 mL，用土壤浸提剂稀释至 100 mL。

（5）有机质缓氧化剂溶液　取有机质缓氧化剂 10 g，加蒸馏水 10 mL，搅拌使之溶解，冷却后取上层清液。建议随用随配。

五、实验步骤

1．水分测定

（1）测定烧前铝盒质量（m_1）。

（2）测定样品（约 5 g）+ 铝盒质量（m_2）。

（3）加 5～10 mL 酒精灼烧，待熄灭后再加 5 mL 酒精灼烧，熄灭后测定样品+铝盒质量（m_3）。

（4）计算公式：

$$水分（\%）=\frac{m_2-m_3}{m_2-m_1}\times100\%$$

2．pH 测定

25 g 样品 +25 mL 蒸馏水，搅拌，静置半小时后用 pH 试纸（或 pH 计）测定。

3．有机质测定

（1）空白液制备：吸取蒸馏水 3 mL，重铬酸钾溶液 10 mL，浓硫酸 10 mL 至 100 mL 三角瓶中，摇动 0.5 min 后 25 ℃以上静置 20 min，再加蒸馏水 25 mL，混匀后吸取 10 mL 于另一个三角瓶中，加入有机质缓氧化剂溶液 2.5 mL，摇匀备用。

（2）标准液制备：吸取 0.5%碳标准溶液 3 mL 至 100 mL 三角瓶，其余同空白液制备。

（3）待测液制备：称取土壤 1 g 加入 100 mL 三角瓶后加蒸馏水 3 mL，其余同空白液制备后过滤。

（4）比色：①选择滤光片数值为 4，置空白液于光路中，依次按“比色”键，功能切换至 1，调整显示至 100%。②按“比色”键，功能切换至 3，置标准液于光路中，按调整键使液晶显示值为 26。③置待测液于光路中，此时显示的读数即为有机质含量（‰）。

4．速效养分的测定

（1）速效养分待测液的制备：称取土壤 2.5 g 至 100 mL 三角瓶中，加入土壤浸提剂 25 mL，振荡 5 min，过滤于三角瓶中。

（2）速效磷的测定：分别吸取浸提剂 1 mL，土壤混合标准液 1 mL，土壤待测液 1 mL 于 3 个小玻璃瓶中，再各加入 2 mL 水，然后依次加入土壤速效磷掩蔽剂 5 滴，土壤速效磷显色剂 5 滴，土壤速效磷还原剂 1 滴，摇匀，10 min 后转移到比色皿中测定。①空白液滤光片选择 6，功能切换至 1，调整显示至 100%。②标准液功能切换至 3，调整显示至 24。③测定待测液，仪器显示值即为速效磷含量（mg/kg）。

（3）速效钾的测定：分别吸取浸提剂 2 mL，土壤混合标准液 2 mL，土壤待测液 2 mL 于 3 个小玻璃瓶中，依次加入土壤速效钾掩蔽剂 2 滴，土壤速效钾助掩蔽剂 6 滴，土壤速效钾浊度剂 4 滴，摇匀，立刻转移到比色皿中测定。①空白液滤光片选择 6，功能切换至 1，调整显示至 100%；②标准液功能切换至 3，调整显示至 140；③测定待测液，仪器显示值即为速效钾含量（mg/kg）。

【方法二】Mehlich 3 测定法

一、实验目的

1．熟悉 Mehlich 3 测定法浸提有效磷、钾、钙、镁、铁、锰、铜、锌、硼的过程。

2．掌握 N、P、K 元素的定量测定方法。

二、实验原理

联合浸提剂中的 0.2 mol/L HOAc + 0.25 mol/L NH_4NO_3 形成了 pH 为 2.5 的强缓冲体系，并可浸提出交换性 K、Ca、Mg、Na、Mn、Zn 等阳离子；0.015 mol/L NH_4F + 0.013 mol/L HNO_3 可调控 P 从含 Ca、Al、Fe 无机磷源中的解吸；0.001 mol/L EDTA 可浸出螯合态 Cu、Zn、Mn、Fe 等。因此 Mehlich 3 测定法一次浸提，可提取土壤中的有效磷、钾、钙、镁、铁、锰、铜、锌等多种养分。

提取出的磷用钼锑抗比色法测定，钾、钙、镁、铁、锰、铜、锌用原子吸收分光光度法测定，硼用姜黄素比色法测定。有效氮：有效氮包括氨态氮和硝态氮，用 2 mol/L KCl 提取，提取的氨态氮用靛酚蓝比色法测定，硝态氮用紫外分光光度计在波长 210 nm 处直接测定。

三、实验仪器

原子吸收分光光度计，紫外分光光度计，及塑料杯、搅拌器、50 mL 容量瓶等实验室常用仪器。

四、实验步骤

1. 有效磷、钾测定

（1）浸提：称取 2.50 g 风干土壤（过 2 mm 尼龙筛）于塑料杯中，加入 25.0 mL Mehlich 3 浸提剂，在搅拌器上搅拌 5 min。然后过滤，收集滤液于 50.0 mL 塑料瓶中。整个浸提过程应在恒温条件下进行，温度控制在 25 ℃±1 ℃。

（2）定量测定磷：准确吸取 2.00～10.00 mL 土壤浸出液（依肥力水平而异）于 50 mL 容量瓶中，加水至约 30 mL，加入 5.00 mL 钼锑抗试剂显色，定容摇匀。显色 30 min 后，在 880 nm 处比色。如冬季气温较低时，注意保持显色时温度在 15 ℃以上，最好在恒温室内显色，以加快显色速度。测定的同时做空白校正。

工作曲线：准确吸取 5 mg/L 磷标准溶液 0 mL、1.00 mL、2.00 mL、4.00 mL、6.00 mL、8.00 mL，分别放入 50 mL 容量瓶中，加水至约 30 mL，加入 5.00 mL 钼锑抗试剂显色，定容摇匀。显色 30 min 后，在 880 nm 处比色。

（3）定量测定钾：直接用 Mehlich 3 浸出液在原子吸收分光光度计上测定。

工作曲线：准确吸取 100 mg/L 钾标准贮备液 0 mL、1 mL、2.5 mL、5 mL、10 mL、15 mL、20 mL，分别放入 50 mL 容量瓶中，用 Mehlich 3 浸提剂定容，摇匀，即得 0 mg/L、2 mg/L、5 mg/L、10 mg/L、20 mg/L、30 mg/L、40 mg/L 钾标准系列溶液。

2. 有效氮的测定

（1）浸提：于塑料杯中，加入 50.0 mL 2mol/L KCl 浸提剂，在搅拌器上搅拌 5 min。然后过滤，收集滤液于 50 mL 塑料瓶中。

（2）定量测定：测氨态氮时，取 3 mL 滤液加入 4 mL 碱性苯酚溶液于样品杯中，再加入 10 mL 次氯酸钠溶液，放置 3 min 后，用分光光度计在 630 nm 处比色测定。同时做空白校正。

工作曲线：准确吸取 1000 mg/L NH_3-N 标准溶液 0 mL、0.5 mL、1.0 mL、2.0 mL、4.0 mL，分别放入 100 mL 容量瓶中，定容摇匀。

测硝态氮时，吸取 10 mL 滤液分别在 210 nm 和 275 nm 处测读吸光度。A_{210} 是 NO_3^- 和以有机质为主的杂质的吸光度；A_{275} 只是有机质的吸光度，因为 NO_3^- 在 275 nm 处已无吸收。但有机质在 275 nm 处的吸光度比在 210 nm 处的吸光度要小 R 倍，故将 A_{275} 校正为有机质在 210 nm 处应有的吸光度后，从 A_{210} 中减去，即得 NO_3^- 在 210 nm 处的吸光度（ΔA）。不同地区有不同的 R 值，一般取 3.6。

实验二十　环境噪声监测

一、实验目的

1．掌握声级计的使用方法和环境噪声的监测方法。

2．学会使用统计方法处理数据。

二、测量仪器和条件

1．测量仪器是 PSJ-2 型声级计或其他普通声级计，使用方法参照仪器使用说明书。

2．天气条件要求无雨、无雪，声级计应保持传声器膜片清洁，风力在三级以上必须加风罩（以避免风声干扰），五级以上大风应停止测量。

3．手持仪器测量，传声器要求距离地面 1.2 m。

注：环境噪声与人们的生活密切相关，它影响人们的工作、学习和休息。城市各类区域社会环境噪声标准值共分为 5 级（0 级、1 级、2 级、3 级、4 级），分别为：昼间 50 dB、55 dB、60 dB、65 dB、70 dB；夜间 40 dB、45 dB、50 dB、55 dB、65 dB，具体适合的区域类型参见相关资料。

三、实验步骤

1．将学校（或某一地区）划分为 25 m × 25 m 的网格，测量点选在每个网格的中心，若中心点的位置不宜测量，可移到旁边能够测量的位置。

2．每组三人配置一台声级计，顺序到各网点测量，时间从 8:00～17:00，每一网格至少测量 4 次，时间间隔尽可能相同。

3．读数方式用慢挡，每隔 5 s 读一个瞬时 A 声级，连续读取 200 个数据。读数同时要判断和记录附近主要噪声来源（如交通噪声、施工噪声、工厂或车间噪声、锅炉噪声等）和天气条件。

四、数据处理

环境噪声是随时间而起伏的无规律噪声，因此测量结果一般用统计值或等效声级来表示，本实验用等效声级表示。将各网点每一次的测量数据（200 个）顺序排列找出 L_{10}、L_{50}、L_{90}，求出等效声级 L_{eq}，再将该网点一整天的各次 L_{eq} 值求出算术平均值，作为该网点的环境噪声评价量。以 5 dB 为一等级，用不同颜色或阴影线（表 14）绘制学校（或某一地区）噪声污染图。

表 14　噪声污染图绘制参照表

噪声带/dB	颜色	阴影线
35	浅绿色	小点，低密度
36～40	绿色	中点，中密度
41～45	深绿色	大点，高密度
46～50	黄色	垂直线，低密度
51～55	褐色	垂直线，中密度
56～60	橙色	垂直线，高密度
61～65	朱红色	交叉线，低密度
66～70	洋红色	交叉线，中密度
71～75	紫红色	交叉线，高密度
76～80	蓝色	宽条垂直线
81～85	深蓝色	全黑

附：PSJ-2 型声级计使用方法

1. 按下电源按键“ON”，接通电源，预热 0.5 min，使整机进入稳定的工作状态。

2. 电池校准：分贝拨盘可在任意位置，按下电池“BAT”按键，当表针指示超过表面所标的“BAT”刻度时，表示机内电池电能充足，整机可正常工作，否则需要更换电池。

3. 整机灵敏度校准：先将分贝拨盘调于 90 dB 位置，然后按下“CAT”和“A”（或“C”按键），这时指针应有指示，用起子放入灵敏校正孔进行调节，使表针指在“CAL”刻度上，此时整机灵敏度正常，可进行测量。

4. 分贝（dB）拨盘的使用与读数法：转动分贝拨盘选择测量量程，读数时应将量程数加上表针指示数，如当分贝拨盘（dB）选择在 90 挡，而表针指示在 4 dB 时，则实际读数为 90 dB + 4 dB = 94 dB；若指针指示为−5 dB 时，则读数为 90 dB – 5 dB = 85 dB。

5. “+10 dB”按钮的使用：在测试过程中，当有瞬时大信号出现时，为了能快速正确地进行读数，可按下“+10 dB”按钮，此时应按分贝拨盘和表针指示的读数再加上 10 dB 作读数。如再按下“+10 dB”按钮后，表针指示仍超过满度，则应将分贝拨盘转动至更高一挡再进行读数。

6. 表面刻度：有 0.5 dB 与 1 dB 两种分度刻度。0 刻度以上指示为正值，长刻度为 1 dB 的分度；短刻度为 0.5 dB 的分度。0 刻度以下指示为负值，长刻度为 1 dB 的分度；短刻度为 0.5 dB 的分度。

7. 计权网络：本机的计权网络有 A、C 两挡，当按下 A 或 C 时，则表示测量的计权网络为 A 或 C，当不按按键时，整机不反映测试结果。

8. 表头阻尼开关：当开关处于“F”位置时，表示表头为“快”的阻尼状态；当开关在“S”位置时，表示表头为“慢”的阻尼状态。

9. 输出插口：可将测出的电信号送至示波器、记录仪等仪器。

五、思考题

1. 为什么噪声测量时传声器要对准声源方向?

2. 声级计由哪几部分构成?

实验二十一　土壤中重金属的测定

一、实验目的

1．了解原子吸收分光光度法的原理。

2．学习土壤样品的消化方法。

3．掌握原子吸收分光光度计的使用方法。

二、实验原理

火焰原子吸收分光光度法是根据某元素的基态原子对该元素的特征谱线产生选择性吸收来进行测定的分析方法。将试样喷入火焰，被测元素的化合物在火焰中离解形成原子蒸气，由锐线光源（空心阴极灯）发射的某元素的特征谱线光辐射通过原子蒸气层时，该元素的基态原子对特征谱线产生选择性吸收。在一定条件下特征谱线光强的变化与试样中被测元素的浓度成正比。通过自由基态原子对选用吸收线吸光度的测量，确定试样中该元素的浓度。

湿法消化是利用强氧化性酸（如 HNO_3、H_2SO_4、$HClO_4$ 等）与有机化合物溶液共沸，使有机化合物分解除去。干法灰化是在高温下灰化、灼烧，使有机物质被空气中氧所氧化而破坏。本实验采用湿法消化土壤中的有机物质。

三、实验仪器

原子吸收分光光度计、铜和锌空心阴极灯，烧杯，表面皿，容量瓶（25 mL，1000 mL）。

四、试剂与材料

1．锌标准溶液：准确称取 0.1000 g 金属锌（99.9%），用 20 mL（1＋1）盐酸溶解，移入 1000 mL 容量瓶中，用去离子水稀释至刻度，此溶液含锌量为 100 mg/L。

2．铜标准溶液：准确称取 0.1000 g 金属铜（99.8%），溶于 15 mL（1＋1）硝酸中，移入 1000 mL 容量瓶中，用去离子水稀释至刻度，此溶液含铜量为 100 mg/L。

3．土样。

4．去离子水，（1＋1）盐酸，王水，高氯酸，稀硝酸。

5．中速定量滤纸。

五、实验步骤

（一）标准曲线的绘制

取 6 个 25 mL 容量瓶，分别加入 5 滴（1 + 1）盐酸，依次加入 0.0 mL、0.10 mL、0.20 mL、0.30 mL、0.40 mL、0.50 mL 浓度为 100 mg/L 的铜标准溶液和 0.00 mL、0.10 mL、0.20 mL、0.40 mL、0.60 mL、0.80 mL 的浓度为 100 mg/L 的锌标准溶液，用去离子水稀释至刻度，摇匀，配成 0.00 mg/L、0.40 mg/L、0.80 mg/L、1.20 mg/L、1.60 mg/L、2.00 mg/L 的铜标准系列溶液和 0.00 mg/L、0.40 mg/L、0.80 mg/L、1.60 mg/L、2.40 mg/L、3.20 mg/L 的锌标准系列溶液，然后分别在 324.8 nm 和 213.9 nm 处测定吸光度，绘制标准曲线。

原子吸收测量条件如下：

元素	Cu	Zn
波长（λ）/nm	324.8	213.9
I/mA	2	4
光谱通带（A）/nm	2.5	2.1
增益	2	4
燃气	乙炔	乙炔
助气	空气	空气
火焰	氧化	氧化

（二）样品的测定

1．土壤样品的消化

准确称取 1.00 g 土样于 100 mL 烧杯中（2 份），用少量去离子水润湿，缓慢加入 5 mL 王水（硝酸：盐酸 =1：3），盖上表面皿。同时做 1 份空白试验。把烧杯放在通风橱内的电炉上加热，开始低温，慢慢提高温度，并保持微沸状态，使其充分分解，注意消化温度不宜过高，防止外溅。当激烈反应完毕，大部分有机物分解后，取下烧杯冷却，沿烧杯壁加入 2～4 mL 高氯酸，继续加热分解直至冒白烟，样品变为灰白色，揭去表面皿，赶出过量的高氯酸，把样品蒸至近干，取下冷却，加入 5 mL 1%的稀硝酸溶液加热，冷却后用中速定量滤纸过滤到 25 mL 容量瓶中，滤渣用 1%稀硝酸洗涤，最后定容，摇匀待测。

2．测定

将消化液在与标准系列相同的条件下，直接喷入空气-乙炔火焰中，测定吸收值。

六、数据处理

由所测得的吸光度值（如试剂空白有吸收，则应扣除空白吸光度值）在标准曲线上得到相应的溶液浓度 c（mg/L），则土样中：

$$铜或锌的含量（mg/kg）=\frac{c \times V}{m}$$

式中 c——标准曲线上得到的相应浓度，mg/L；

V——定容体积，mL；

m——土样质量，g。

七、注意事项

1．要严格控制消化温度，升温过快会使反应物溢出或炭化。

2．土壤消化物若不呈灰白色，应补加少量高氯酸，继续消化。由于高氯酸对空白影响大，要控制用量。

3．高氯酸具有氧化性，应待土壤里大部分有机物消化完，冷却后再加入，或在常温下，有大量硝酸存在下加入，否则会使杯中样品溅出或爆炸，使用时务必小心。

4．若高氯酸氧化作用进行得过快，有爆炸可能时，应迅速冷却或用冷水稀释，即可停止高氯酸氧化作用。

八、思考题

1．试分析原子吸收分光光度法测定土壤中金属元素的误差来源可能有哪些?

2．还可以使用哪些方法测定重金属?

实验二十二　原子吸收分光光度法测定茶叶样品中铜的含量

一、实验目的

1．了解原子吸收分光光度法的原理。

2．掌握植物样品的消化方法，掌握原子吸收分光光度计的使用方法。

二、实验原理

火焰原子吸收分光光度法是根据某元素的基态原子对该元素的特征谱线产生选择性吸收来进行测定的分析方法。将试样喷入火焰，被测元素的化合物在火焰中离解形成原子蒸气，由锐线光源（空心阴极灯）发射的某元素的特征谱线光辐射通过原子蒸气层时，该元素的基态原子对特征谱线产生选择性吸收。在一定条件下特征谱线光强的变化与试样中被测元素的浓度成正比。通过自由基态原子对选用吸收线吸光度的测量，确定试样中该元素的浓度。

湿法消化是利用强氧化性酸（如硝酸、硫酸、高氯酸等）与有机化合物溶液共沸，使有机化合物分解除去。干法灰化是在高温下灰化、灼烧，使有机物被空气中氧所氧化破坏。本实验采用湿法消化茶叶中的有机质。

三、实验仪器与试剂

1．原子吸收分光光度计。

2．铜空心阴极灯。

3．容量瓶（100 mL）、表面皿、烧杯、滤纸等。

4．去离子水、高氯酸、硝酸等。

四、实验步骤

1．铜标准贮备液的配制：准确称取 0.0100 g 金属铜（99.8%）溶于 15 mL（1 + 1）硝酸中，移入 100 mL 容量瓶中，用去离子水稀释至刻度线，此溶液含铜量为 100 mg/L。

2．铜标准使用液的配制：准确移取 10.00 mL 铜标准贮备液于 100 mL 容量瓶中，用去离子水定容至 100 mL，此溶液含铜量为 10 mg/L。

3．标准曲线的绘制：取 6 个 25 mL 容量瓶，分别加入 5 滴（1 + 1）盐酸，依次加入 0.00 mL、1.00 mL、2.00 mL、3.00 mL、4.00 mL、5.00 mL 浓度为 10 mg/L

的铜标准使用液，用去离子水稀释至刻度线，摇匀，配成 0.00 mg/L、0.40 mg/L、0.80 mg/L、1.20 mg/L、1.60 mg/L、2.00 mg/L 铜标准系列溶液，然后分别在 324.8 nm 处测定吸光度，绘制标准曲线。

4．样品的测定

（1）茶叶试样的消化

准确称取 1.000 g 已处理好的茶叶试样于 100 mL 烧杯中（3 份），用少许去离子水润湿，加入混合酸 10 mL（硝酸：高氯酸 ＝5：1）。同时做一份试剂空白。待激烈反应结束后，移到由可控电压控制的电炉上，微热至反应物颜色变浅，用少量去离子水冲洗烧杯内壁，盖上表面皿，逐步提高温度，在消化过程中，如有炭化现象可再加入少许混合酸继续消化，直至试样变白，揭去表面皿，加热至近干，取下冷却，加入少量去离子水，加热（微热，使烧杯中的固体充分溶解），冷却后用中速定量滤纸过滤到 25 mL 容量瓶中，再用去离子水稀释至刻度线，摇匀待测。

（2）测定

将消化液在标准系列相同条件下，直接喷入空气-乙炔火焰中，测定吸收值。

五、数据处理

由所测得的吸光度值（如试剂空白有吸收，则应扣除空白吸光度值）在标准曲线上得到相应的浓度 c（mg/L），则茶叶试样中：

$$\text{铜的含量（mg/kg）}=\frac{c\times V}{m}$$

式中　c——标准曲线上得到的相应浓度，mg/L；

V——定容体积，mL；

m——试样质量，g。

六、注意事项

仔细控制消化温度，升温过快会使反应物溢出或炭化。

第三部分

综合性和研究设计性实验

实验一　湖水或河水水质监测与评价（综合性实验）

一、实验目的

1. 综合运用所学知识完成地表水环境监测全过程。

2. 培养分析问题、解决问题能力。

3. 培养实际环境监测的应用能力。

二、实验步骤

1. 制定监测方案与准备：

（1）监测指标项，选测浊度、溶解氧、氨氮、悬浮物、油类中的至少 3 个指标，多则不限。

（2）选取所在城市流经的某一段河流（或小溪），或选取某一个湖（或池塘）。

（3）制作布点图（按照现场实际情况）、确定采样频率。

（4）分别列出需要准备的采样仪器、采样时段（按时均值）、采样人员、记录工具、监测样品（或平行样）的备样器具、实验室分析指标项所需的药剂及仪器等。

（5）采样交通工具、冷藏工具。

（6）评价标准（按照现行 GB 3838—2002《地表水环境质量标准》指标项限值的Ⅲ类地表水限值）。

2. 监测前采样仪器准备：按照前面列出的仪器清单，准备采样所需要带去现场或操作的仪器。

3. 实验分析仪器、药剂准备：预先准备好带回实验室监测分析的样品所需用到的仪器、药剂。

4. 地表水现场监测采样：按照监测方案开展某一固定时段的地表水采样，按照地表水采样要求进行 [《地表水环境质量监测技术规范》（HJ 91.2—2022）]。如果选取 pH 作为监测项，则要求带上便携式 pH 计。

5. 开展实验样品测定分析：按照本教材前面介绍的相关指标项的实验方法进行。

6. 数据处理与误差分析。

三、报告编制

根据以下模版编制监测与评价报告。

题目：XXX 湖水（或河水）水质监测与评价报告

采样人：　　　　　　编制人：　　　　　　学号：

采样日期：　　　　　采样时段：

实验分析人：　　　　实验分析日期：

1．监测地表水的现状简介。

2．监测点位布点图与说明。

3．标准限值的选取。

4．结果与对标评价（见表 15）。

表 15　结果与对标一览表　　　　单位：mg/L

指标	时分 1 测定值	时分 2 测定值	时分 3 测定值	平均值	标准限值	平均值是否符合（对标结果）
指标 1						
指标 2						
指标 3						
指标 4						

注：附上各指标项的监测分析方法（国家标准 GB XX 或行业标准 HJ XX）。

5．评价结论。

6．需要说明的其他事项。

四、问题与分析

对监测过程中存在的问题进行分析。

实验二　工业废水监测（综合性实验）

一、实验目的

1．综合运用所学知识完成工业废水进出水监测全过程。

2．培养实际工业废水监测的应用能力。

二、实验步骤

1．制定监测方案：

（1）监测指标项，选测 pH、COD、氨氮、SS、色度、六价铬、总铬。

（2）选取所在区域某涂料厂或电镀厂污水处理站，并获得采样权限。

（3）制作布点图（按照现场实际情况）、确定采样频率，其中六价铬、总铬（这两个指标是一类污染物）需要在车间污水收集处理池和车间排放口采样。

（4）分别列出需要准备的采样仪器、采样时段分布、采样人员、记录工具、实验分析样品（或平行样）的备样器具、实验室分析指标项所需的药剂及仪器等。

（5）采样交通工具、冷藏工具。

（6）评价标准（按照现电镀行业排放限值、一类污染物限值以及纳管排放限值要求）。

2．监测前采样仪器准备：按照列出的采样所需要带去现场或操作的仪器清单进行准备。

3．实验分析仪器、药剂准备：预先准备好带回实验室监测分析的样品所需用到的仪器、药剂。

4．工业废水现场监测采样：按照监测方案开展某一天的工业污水处理站的进出口采样，要求带上便携式 pH 计。

5．开展实验样品测定分析：按照本教材前面介绍的相关指标项的实验方法进行。

三、报告编制

根据以下模版编制监测与评价报告。

题目：XX 厂（公司）废水处理监测与评价报告

姓名：　　　　　　　　　学号：

采样人：　　　　　　　　采样日期：　　　　　　　采样时段：

实验分析人：　　　　　　实验分析日期：

1. 工业企业生产、废水排放特点简介。

2. 一类污染物及其他指标项水样监测布点图与说明。

3. 排放限值要求（电镀行业排放限值、一类污染物排放限值、纳管排放限值）。

4. 根据监测结果（日均值），判断是否符合以上排放限值要求。

5. 污水站去除率计算：

$$去除率（\%）=\frac{指标项目进水浓度-指标项目出水浓度}{指标项目进水浓度}\times 100\%$$

四、问题与分析

对监测过程中存在的问题进行分析。

实验三 环境空气质量监测与评价（综合性实验）

一、实验目的

1．综合运用所学知识完成环境空气质量监测全过程。

2．培养分析问题、解决问题的能力。

3．培养实际环境空气质量监测的应用能力。

二、实验步骤

1．制定监测方案：

（1）监测指标项的选择：二氧化硫、氮氧化物、$PM_{10}/PM_{2.5}$。

（2）选择所在城市主导风向的下风向某区域（几个点）。

（3）制作布点图（按照现场实际情况）、确定采样频率。

（4）分别列出需要准备的大气样品采样仪器、采样时段（环境空气指标按照日均值采样）、采样人员、记录工具、实验室分析指标项所需的药剂及仪器等。

（5）采样交通工具、冷藏工具。

（6）评价标准（按照现行大气环境质量标准二类区域限值）。

2．监测前采样仪器准备：列出采样所需要带去现场或操作的仪器清单。

3．实验分析仪器、药剂准备：预先准备好带回实验室监测分析的样品所需用到的仪器、药剂。

4．大气环境现场监测采样：按照本实验监测方案中的指标项目，以本教材介绍的大气采样方法，进行现场采样。

5．开展实验样品测定分析：按照本教材前面介绍的相关指标项的实验方法进行。

6．数据处理与误差分析。

三、报告编制

根据以下模版编制监测与评价报告。

题目：XX 区域大气环境质量监测与评价报告

采样人： 编制人： 学号：

采样日期： 实验分析日期：

1．大气环境监测区域的现状简介、城市主导风向判断。

2．监测布点图与说明。

3．大气环境质量标准限值的选取。

4．结果与对标评价（见表 16）。

表 16　结果与对标一览表　　单位：μg/m^3

指标	时段 1 测定值	时段 2 测定值	时段 3 测定值	日均值	标准限值	日均值是否符合（对标结果）
指标 1						
指标 2						
指标 3						
指标 4						

注：附上各指标项的监测分析方法（国家标准 GB XX 或行业标准 HJ XX）。

5．评价结论（进行空气污染指数分级限值 API 评价）。

6．需要说明的事项。

四、问题与分析

对监测过程中存在的问题进行分析。

实验四　土壤环境污染监测（设计性实验）

一、实验目的

1．综合运用所学知识完成表层（0.5 m）土壤污染采样与监测全过程。

2．培养实际土壤监测的应用能力。

二、实验步骤

1．监测方案设计：

（1）监测指标项，选测有机质、重金属铜和铬、氨态氮和硝态氮。

（2）选取所在区域某工业园区范围内地块的表层土壤为采样点，并获得采样权限。

（3）按污染场地调查布点要求进行布点，制作 400 m × 400 m 网格，每个网格布设一个采样点位（或加密布点）。本次实验布设 5 个采样点位，并制作布点图（坐标系用 CGCS2000）。

（4）分别列出需要准备的采样仪器、采样时段分布、采样人员、记录工具、实验分析样品（或平行样）的备样器具、实验室分析指标项所需的药剂及仪器等。

（5）采样交通工具、冷藏工具。

（6）对标限值（选取工业用地管控值）。

2．监测前采样仪器准备：列出采样所需要带去现场或操作的仪器清单。

3．实验分析仪器、药剂准备：预先准备好带回实验室监测分析的样品所需用到的仪器、药剂。

4．土壤现场采样：按照布点方案及本教材土壤采样要求进行。现场缩分土壤样品，进行小样装袋。

5．开展实验室样品预处理与分析测试：按照本实验教程前面介绍的相关指标项的实验方法进行。

三、报告编制

根据以下模版编制监测调查报告。

题目：XX 区域表层土壤监测调查报告

作者姓名：　　　　　　　　　　　　学号：

摘要：

关键词：

正文部分：

1．前言（采样区域或背景简介、实验目的与意义、对标限值介绍）。

2．设计实验的方法、实验路线。

3．实验部分：

（1）实验材料与仪器；

（2）采样与测定（含采样、送样、样品分析等全过程质控）；

（3）结果与讨论。

4．问题与建议。

实验五　校园环境噪声监测（设计性实验）

一、实验目的

1．综合运用所学知识完成校园环境噪声监测设计。

2．培养本校园大区域范围的环境噪声监测应用能力。

3．熟练运用便携式噪声仪。

二、实验步骤

1．监测方案设计：

（1）选取整个校园范围设计环境噪声监测点位分布图，排除交通噪声的影响。采用网格化方法布点，以 100 m × 100 m 设计网格（坐标系采用 CGCS2000）。

（2）校准噪声仪（声级计），准备计时器。

（3）对标限值（选取社会环境噪声限值，居住敏感区环境噪声一类区域限值要求）。

2．开展整个校园环境噪声测试，并作记录。

三、报告编制

根据以下模版编制监测调查报告。

题目：XX 校园环境噪声监测调查报告

作者姓名：　　　　　学号：

摘要：

关键词：

正文部分：

1．前言（校园区域分布、地势地形、绿化或小山坡隔离情况介绍，实验目的与意义，对标限值）。

2．设计实验的方法、实验路线。

3．实验部分：

（1）实验材料与仪器；

（2）采样与测定（按本教材噪声监测实验内容，以不同颜色进行噪声不同数值的绘制）；

（3）结果与讨论。

4．问题与建议。

实验六　XX 工业园区区域环境质量现状调查监测方案编制（综合应用性实践）

一、实验目的

1. 学习工业园区大气、水、土壤、噪声等污染源强分布调查方法。

2. 了解工业园区地表水流经区域或附近上下游地表水分布情况。

3. 学习区域环境现状全方位调查方法。

4. 学会编制区域环境质量现状调查监测方案。

二、编制依据

1.《中华人民共和国环境保护法》，2014 年 4 月 24 日修订，2015 年 1 月 1 日实施。

2.《中华人民共和国土壤污染防治法》，2019 年 1 月 1 日实施。

3.《中华人民共和国水污染防治法》，2017 年 6 月 27 日修正，2018 年 1 月 1 日实施。

4.《中华人民共和国固体废物污染环境防治法》，2020 年 4 月 29 日修订，2020 年 9 月 1 日实施。

5. 省、市地方关于环境现状管控的管理条例、管理办法、文件要求等。

6. 标准限值：地表水环境质量要求、大气环境质量要求、土壤环境质量要求、噪声环境质量控制要求。

7. 现场收集资料：工业园区各企业项目环评报告、自行监测报告、区域环境调查报告等。

三、区域环境前期调查（XX 工业园区环境现状调查，采用 CGCS2000 坐标系）

前期调查与资料收集：通过前期资料收集、现场踏勘和人员访谈等，识别该工业园区潜在的污染源。可以预先通过少量的现场采样、数据评估和结果分析等步骤，识别该园区主要污染物种类、浓度和空间分布情况。然后调查以下内容：

（1）调查工业园区大气、水、土壤等污染源强分布情况，绘制分布图；

（2）调查工业园区地表水流经区域或附近上下游地表水分布情况，绘制分布图；

（3）调查工业园区土壤重点管控企业分布情况，绘制分布图；

（4）调查工业园区高噪声管控企业分布情况，绘制分布图；

（5）确定该园区环境现状：地表水环境、大气环境、土壤环境等的主要污染物。

四、工作计划与监测布点

1．布点依据与原则：在前期调查并绘制的污染源强分布图的基础上，识别主要污染物、重点污染源强，然后以网格化（小微园区采用 20 m × 20 m 网格；大型省级以上工业园区采用 400 m × 400 m 网格）确定本次调查监测分布点位，绘制采样点位图，并进行踏勘采样或了解可操作性情况。

2．布点方案、监测指标项的确定。

3．天气及园区企业生产情况同步调查。

4．评价标准确定。

五、现场采样准备与实验室分析

1．现场采样准备：采样人员、采样仪器（含校准）与设备、样品包装、现场监测仪器与设施及材料试剂、冷藏设备等。

2．样品流转与保存等相应准备。

3．实验室分析的准备。

六、安全防护

1．现场采样安全与健康。

2．实验分析样品安全与健康。

七、XX 工业园区区域环境质量现状调查监测方案编制大纲

1．前言（工作目的与意义）。

2．园区监测调查依据与方法：

（1）园区环境质量现场调查监测原则、调查范围；

（2）监测调查方法、程序；

（3）标准规范。

3．园区概况：

（1）地理位置、气象、地形、地貌、地势、水文地质情况；

（2）园区工业企业分布、生产经营、环境保护等情况介绍。

4．监测调查工作计划：

（1）监测调查布点依据、原则；

（2）布点方案、实际点位情况；

（3）分析检测方案、方法。

（4）评价标准。

5．现场采样与实验室分析：

（1）采样准备；

（2）采样方法与人员设备的分配；

（3）样品保存与流转；

（4）实验室分析。

6．安全防护：现场采样与实验室全过程安全防护要求、注意事项。

7．全过程质量管控与要求：从现场调查、采样准备、现场采样与实验室分析等方面进行全过程质量管控。

第四部分

附录

附录一　地表水环境质量标准（摘自 GB 3838—2002）

附表 1　地表水环境质量标准基本项目标准限值　　单位：mg/L

序号	标准值 / 分类 / 项目		Ⅰ类	Ⅱ类	Ⅲ类	Ⅳ类	Ⅴ类
1	水温/℃		人为造成的环境水温变化应限制在： 周平均最大温升≤1 周平均最大温降≤2				
2	pH 值（无量纲）		6～9				
3	溶解氧	≥	饱和率 90%（或 7.5）	6	5	3	2
4	高锰酸盐指数	≤	2	4	6	10	15
5	化学需氧量（COD）	≤	15	15	20	30	40
6	五日生化需氧量（BOD_5）	≤	3	3	4	6	10
7	氨氮（NH_3-N）	≤	0.15	0.5	1.0	1.5	2.0
8	总磷（以 P 计）	≤	0.02（湖、库 0.01）	0.1（湖、库 0.025）	0.2（湖、库 0.05）	0.3（湖、库 0.1）	0.4（湖、库 0.2）
9	总氮（湖、库，以 N 计）	≤	0.2	0.5	1.0	1.5	2.0
10	铜	≤	0.01	1.0	1.0	1.0	1.0
11	锌	≤	0.05	1.0	1.0	2.0	2.0
12	氟化物（以 F^-计）	≤	1.0	1.0	1.0	1.5	1.5
13	硒	≤	0.01	0.01	0.01	0.02	0.02
14	砷	≤	0.05	0.05	0.05	0.1	0.1
15	汞	≤	0.00005	0.00005	0.0001	0.001	0.001
16	镉	≤	0.001	0.005	0.005	0.005	0.01
17	铬（六价）	≤	0.01	0.05	0.05	0.05	0.1
18	铅	≤	0.01	0.01	0.05	0.05	0.1
19	氰化物	≤	0.005	0.05	0.02	0.2	0.2
20	挥发酚	≤	0.002	0.002	0.005	0.01	0.1
21	石油类	≤	0.05	0.05	0.05	0.5	1.0
22	阴离子表面活性剂	≤	0.2	0.2	0.2	0.3	0.3
23	硫化物	≤	0.05	0.1	0.2	0.5	1.0
24	粪大肠菌群/（个/L）	≤	200	2000	10000	20000	40000

附表 2　集中式生活饮用水地表水水源地补充项目标准限值　　单位：mg/L

序号	项目	标准值
1	硫酸盐（以 SO_4^{2-} 计）	250
2	氯化物（以 Cl^-计）	250

续表

序号	项目	标准值
3	硝酸盐（以N计）	10
4	铁	0.3
5	锰	0.1

附表3　集中式生活饮用水地表水水源地特定项目标准限值　　单位：mg/L

序号	项目	标准值	序号	项目	标准值
1	三氯甲烷	0.06	30	硝基苯	0.017
2	四氯化碳	0.002	31	二硝基苯④	0.5
3	三溴甲烷	0.1	32	2,4-二硝基甲苯	0.0003
4	二氯甲烷	0.02	33	2,4,6-三硝基甲苯	0.5
5	1,2-二氯乙烷	0.03	34	硝基氯苯⑤	0.05
6	环氧氯丙烷	0.02	35	2,4-二硝基氯苯	0.5
7	氯乙烯	0.005	36	2,4-二氯苯酚	0.093
8	1,1-二氯乙烯	0.03	37	2,4,6-三氯苯酚	0.2
9	1,2-二氯乙烯	0.05	38	五氯酚	0.009
10	三氯乙烯	0.07	39	苯胺	0.1
11	四氯乙烯	0.04	40	联苯胺	0.0002
12	氯丁二烯	0.002	41	丙烯酰胺	0.0005
13	六氯丁二烯	0.0006	42	丙烯腈	0.1
14	苯乙烯	0.02	43	邻苯二甲酸二丁酯	0.003
15	甲醛	0.9	44	邻苯二甲酸二（2-乙基己基）酯	0.008
16	乙醛	0.05	45	水合肼	0.01
17	丙烯醛	0.1	46	四乙基铅	0.0001
18	三氯乙醛	0.01	47	吡啶	0.2
19	苯	0.01	48	松节油	0.2
20	甲苯	0.7	49	苦味酸	0.5
21	乙苯	0.3	50	丁基黄原酸	0.005
22	二甲苯①	0.5	51	活性氯	0.01
23	异丙苯	0.25	52	滴滴涕	0.001
24	氯苯	0.3	53	林丹	0.002
25	1,2-二氯苯	1.0	54	环氧七氯	0.0002
26	1,4-二氯苯	0.3	55	对硫磷	0.003
27	三氯苯②	0.02	56	甲基对硫磷	0.002
28	四氯苯③	0.02	57	马拉硫磷	0.05
29	六氯苯	0.05	58	乐果	0.08

续表

序号	项 目	标准值	序号	项 目	标准值
59	敌敌畏	0.05	70	黄磷	0.003
60	敌百虫	0.05	71	钼	0.07
61	内吸磷	0.03	72	钴	1.0
62	百菌清	0.01	73	铍	0.002
63	甲萘威	0.05	74	硼	0.5
64	溴氰菊酯	0.02	75	锑	0.005
65	阿特拉津	0.003	76	镍	0.02
66	苯并[*a*]芘	2.8×10^{-6}	77	钡	0.7
67	甲基汞	1.0×10^{-6}	78	钒	0.05
68	多氯联苯⑥	2.0×10^{-5}	79	钛	0.1
69	微囊藻毒素-LR	0.001	80	铊	0.0001

① 二甲苯：指对二甲苯、间二甲苯、邻二甲苯。

② 三氯苯：指 1,2,3-三氯苯、1,2,4-三氯苯、1,3,5-三氯苯。

③ 四氯苯：指 1,2,3,4-四氯苯、1,2,3,5-四氯苯、1,2,4,5-四氯苯。

④ 二硝基苯：指对二硝基苯、间二硝基苯、邻二硝基苯。

⑤ 硝基氯苯：指对硝基氯苯、间硝基氯苯、邻硝基氯苯。

⑥ 多氯联苯：指 PCB-1016、PCB-1221、PCB-1232、PCB-1242、PCB-1248、PCB-1254、PCB-1260。

附表 4　地表水环境质量标准基本项目分析方法

序号	基本项目	分析方法	最低检出限/(mg/L)	方法来源
1	水温	温度计法		GB 13195—1991
2	pH 值	玻璃电极法		GB 6920—1986
3	溶解氧	碘量法	0.2	GB 7489—1989
		电化学探头法		GB 11913—1989
4	高锰酸盐指数		0.5	GB 11892—1989
5	化学需氧量	重铬酸盐法	5	CB 11914—1989
6	五日生化需氧量	稀释与接种法	2	GB 7488—1987
7	氨氮	纳氏试剂比色法	0.05	GB 7479—1987
		水杨酸分光光度法	0.01	GB 7481—1987
8	总磷	钼酸铵分光光度法	0.01	GB 11893—1989
9	总氮	碱性过硫酸钾消解紫外分光光度法	0.05	GB 11893—1989
10	铜	2,9-二甲基-1,10-菲啰啉分光光度法	0.06	GB 7473—1987
		二乙基二硫代氨基甲酸钠分光光度法	0.010	GB 7474—1987
		原子吸收分光光度法（螯合萃取法）	0.001	GB 7475—1987
11	锌	原子吸收分光光度法	0.05	GB 7475—1987
12	氟化物	氟试剂分光光度法	0.05	GB 7483—1987

续表

序号	基本项目	分析方法	最低检出限/（mg/L）	方法来源
12	氟化物	离子选择电极法	0.05	GB 7484—1987
		离子色谱法	0.02	HJ/T 84—2001
13	硒	2,3-二氨基萘荧光法	0.00025	GB 11902—1989
		石墨炉原子吸收分光光度法	0.003	GB/T 15505—1995
14	砷	二乙基二硫代氨基甲酸银分光光度法	0.007	GB 7485—1987
		冷原子荧光法	0.00006	
15	汞	冷原子吸收分光光度法	0.00005	GB 7468—1987
		冷原子荧光法	0.00005	
16	镉	原子吸收分光光度法（螯合萃取法）	0.001	GB 7475—1987
17	铬（六价）	二苯碳酰二肼分光光度法	0.004	GB 7467—1987
18	铅	原子吸收分光光度法（螯合萃取法）	0.01	GB 7475—1987
19	总氰化物	异烟酸-吡唑啉酮比色法	0.004	GB 7487—1987
		吡啶-巴比妥酸比色法	0.002	
20	挥发酚	蒸馏后 4-氨基安替比林分光光度法	0.002	GB 7490—1987
21	石油类	红外分光光度法	0.01	GB/T 16488—1996
22	阴离子表面活性剂	亚甲基蓝分光光度法	0.05	GB 7494—1987
23	硫化物	亚甲基蓝分光光度法	0.005	GB/T 16489—1996
		直接显色分光光度法	0.004	GB/T 17133—1997
24	粪大肠菌群	多管发酵法、滤膜法		

附录二　环境空气质量标准（摘自 GB 3095—2012）

附表 5　环境空气污染物基本项目浓度限值

序号	污染物项目	平均时间	浓度限值		单位
			一级	二级	
1	二氧化硫（SO_2）	年平均	20	60	μg/m³
		24 h 平均	50	150	
		1 h 平均	150	500	
2	二氧化氮（NO_2）	年平均	40	40	
		24 h 平均	80	80	
		1 h 平均	200	200	
3	一氧化碳（CO）	24 h 平均	4	4	mg/m³
		1 h 平均	10	10	
4	臭氧（O_3）	日最大 8 h 平均	100	100	μg/m³
		1 h 平均	160	160	
5	颗粒物（粒径小于等于 10 μm）	年平均	40	70	
		24 h 平均	50	150	
6	颗粒物（粒径小于等于 2.5 μm）	年平均	15	35	
		24 h 平均	35	75	

附表 6　环境空气污染物其他项目浓度限值

序号	污染物项目	平均时间	浓度限值		单位
			一级	二级	
1	总悬浮颗粒物（TSP）	年平均	80	200	μg/m³
		24 h 平均	120	300	
2	氮氧化物（NO_x）	年平均	50	50	
		24 h 平均	100	100	
		1 h 平均	250	250	
3	铅（Pb）	年平均	0.5	0.5	
		季平均	1	1	
4	苯并[*a*]芘（B*a*P）	年平均	0.001	0.001	
		24 h 平均	0.0025	0.0025	

附录三　土壤环境质量　农用地土壤污染风险管控标准

（摘自 GB 15618—2018）

附表 7　农用地环境污染风险筛选值（基本项目）　　单位：mg/kg

序号	污染项目		风险筛选值			
			pH≤5.5	5.5＜pH≤6.5	6.5＜pH≤7.5	pH＞7.5
1	镉	水田	0.3	0.4	0.6	0.8
		其他	0.3	0.3	0.3	0.6
2	汞	水田	0.5	0.5	0.6	1.0
		其他	1.3	1.8	2.4	3.4
3	砷	水田	30	30	25	25
		其他	40	40	30	240
4	铅	水田	80	100	140	240
		其他	70	90	120	170
5	铬	水田	250	250	300	350
		其他	150	150	200	250
6	铜	果园	150	150	200	200
		其他	50	50	100	100
7	镍		60	70	100	190

附录四 地下水质量标准（摘自 GB/T 14848—2017）

附表 8 地下水质量常规指标及限值

序号	指标	Ⅰ类	Ⅱ类	Ⅲ类	Ⅳ类	Ⅴ类
				感官性状及一般化学指标		
1	色（铂钴色度单位）	≤5	≤5	≤15	≤25	>25
2	嗅和味	无	无	无	无	有
3	浑浊度/NTU①	≤3	≤3	≤3	≤10	>10
4	肉眼可见物	无	无	无	无	有
5	pH	6.5≤pH≤8.5			5.5≤pH≤6.5 8.5≤pH≤9.0	pH<5.5 或 pH>9.0
6	总硬度（以 $CaCO_3$ 计）/（mg/L）	≤150	≤300	≤450	≤650	>650
7	溶解性总固体/（mg/L）	≤300	≤500	≤1000	≤2000	>2000
8	硫酸盐/（mg/L）	≤50	≤150	≤250	≤350	>350
9	氯化物/（mg/L）	≤50	≤150	≤250	≤350	>350
10	铁/（mg/L）	≤0.1	≤0.2	≤0.3	≤2.0	>2.0
11	锰/（mg/L）	≤0.05	≤0.05	≤0.10	≤1.50	>1.50
12	铜/（mg/L）	≤0.01	≤0.05	≤1.00	≤1.50	>1.50
13	锌/（mg/L）	≤0.05	≤0.5	≤1.00	≤5.00	>5.00
14	铝/（mg/L）	≤0.01	≤0.05	≤0.20	≤0.50	>0.50
15	挥发性酚类（以苯酚计）/（mg/L）	≤0.001	≤0.001	≤0.002	≤0.01	>0.01
16	阴离子表面活性剂/（mg/L）	不得检出	≤0.1	≤0.3	≤0.3	>0.3
17	耗氧量（COD_{Mn} 法，以 O_2 计）/（mg/L）	≤1.0	≤2.0	≤3.0	≤10.0	>10.0
18	氨氮（以 N 计）/（mg/L）	≤0.02	≤0.10	≤0.50	≤1.50	>1.50
19	硫化物/（mg/L）	≤0.005	≤0.01	≤0.02	≤0.10	>0.10
20	钠/（mg/L）	≤100	≤150	≤200	≤400	>400
				微生物指标		
21	总大肠菌群/（MPN②/100mL 或 CFU③/100mL）	≤3.0	≤3.0	≤3.0	≤100	>100
22	菌落总数/（CFU/mL）	≤100	≤100	≤100	≤1000	>1000
				毒理学指标		
23	亚硝酸盐（以 N 计）/（mg/L）	≤0.01	≤0.10	≤1.00	≤4.80	>4.80
24	硝酸盐（以 N 计）/（mg/L）	≤2.0	≤5.0	≤20.0	≤30.0	>30.0
25	氰化物/（mg/L）	≤0.001	≤0.01	≤0.05	≤0.1	>0.1
26	氟化物/（mg/L）	≤1.0	≤1.0	≤1.0	≤2.0	>2.0
27	碘化物/（mg/L）	≤0.04	≤0.04	≤0.08	≤0.50	>0.50

续表

序号	指标	Ⅰ类	Ⅱ类	Ⅲ类	Ⅳ类	Ⅴ类
28	汞/（mg/L）	≤0.0001	≤0.0001	≤0.001	≤0.002	>0.002
29	砷/（mg/L）	≤0.001	≤0.001	≤0.01	≤0.05	>0.05
30	硒/（mg/L）	≤0.01	≤0.01	≤0.01	≤0.1	>0.1
31	镉/（mg/L）	≤0.0001	≤0.001	≤0.005	≤0.01	>0.01
32	铬（六价）/（mg/L）	≤0.005	≤0.01	≤0.05	≤0.10	>0.10
33	铅/（mg/L）	≤0.005	≤0.005	≤0.01	≤0.10	>0.10
34	三氯甲烷/（μg/L）	≤0.5	≤6	≤60	≤300	>300
35	四氯化碳/（μg/L）	≤0.5	≤0.5	≤2.0	≤50.0	>50.0
36	苯/（μg/L）	≤0.5	≤1.0	≤10.0	≤120	>120
37	甲苯/（μg/L）	≤0.5	≤140	≤700	≤1400	>1400
放射性指标④						
38	总α放射性/（Bq/L）	≤0.1	≤0.1	≤0.5	>0.5	>0.5
39	总β放射性/（Bq/L）	≤0.1	≤1.0	≤1.0	>1.0	>1.0

① NTU 为散射浊度单位。

② MPN 表示最可能数。

③ CFU 表示菌落形成单位。

④ 放射性指标超过指导值，应进行核素分析和评价。

附录五　大气污染物综合排放标准（摘自 GB 16297—1996）

附表 9　现有污染源大气污染物排放限值（1997 年 1 月 1 日前设立的污染源）

序号	污染物	最高允许排放浓度/（mg/m^3）	排气筒高度/m	最高允许排放速率/（kg/h）			无组织排放监控浓度限值	
				一级	二级	三级	监控点	浓度/（mg/m^3）
1	二氧化硫	1200（硫、二氧化硫、硫酸和其他含硫化合物生产）	15	1.6	3.0	4.1	无组织排放源上风向设参照点，下风向设监控点①	0.50（监控点与参照点浓度差值）
			20	2.6	5.1	7.7		
			30	8.8	17	26		
			40	15	30	45		
			50	23	45	69		
		700（硫、二氧化硫、硫酸和其他含硫化合物使用）	60	33	64	98		
			70	47	91	140		
			80	63	120	190		
			90	82	160	240		
			100	100	200	310		
2	氮氧化物	1700（硝酸、氮肥和火炸药生产）	15	0.47	0.91	1.4	无组织排放源上风向设参照点，下风向设监控点	0.15（监控点与参照点浓度差值）
			20	0.77	1.5	2.3		
			30	2.6	5.1	7.7		
			40	4.6	8.9	14		
			50	7.0	14	21		
		420（硝酸使用和其他）	60	9.9	19	29		
			70	14	27	41		
			80	19	37	56		
			90	24	47	72		
			100	31	61	92		
3	颗粒物	22（炭黑尘、染料尘）	15	禁排	0.60	0.87	周界外浓度最高点②	肉眼不可见
			20		1.0	1.5		
			30		4.0	5.9		
			40		6.8	10		
		80③（玻璃棉尘、石英粉尘、矿渣棉尘）	15	禁排	2.2	3.1	无组织排放源上风向设参照点，下风向设监控点	2.0（监控点与参照点浓度差值）
			20		3.7	5.3		
			30		14	21		
			40		25	37		
		150（其他）	15	2.1	4.1	5.9	无组织排放源上风向设参照点，下风向设监控点	5.0（监控点与参照点浓度差值）
			20	3.5	6.9	10		
			30	14	27	40		
			40	24	46	69		
			50	36	70	110		
			60	51	100	150		
4	氯化氢	150	15	禁排	0.30	0.46	周界外浓度最高点	0.25
			20		0.51	0.77		
			30		1.7	2.6		
			40		3.0	4.5		
			50		4.5	6.9		
			60		6.4	9.8		
			70		9.1	14		
			80		12	19		
5	铬酸雾	0.080	15	禁排	0.009	0.014	周界外浓度最高点	0.0075
			20		0.015	0.023		
			30		0.051	0.078		
			40		0.089	0.13		
			50		0.14	0.21		
			60		0.19	0.29		

序号	污染物	最高允许排放浓度/（mg/m³）	排气筒高度/m	最高允许排放速率/（kg/h）			无组织排放监控浓度限值	
				一级	二级	三级	监控点	浓度/（mg/m³）
6	硫酸雾	1000（火炸药厂）	15	禁排	1.8	2.8	周界外浓度最高点	1.5
			20		3.1	4.6		
			30		10	16		
			40		18	27		
		70（其他）	50		27	41		
			60		39	59		
			70		55	83		
			80		74	110		
7	氟化物	100（普钙工业）	15	禁排	0.12	0.18	无组织排放源上风向设参照点，下风向设监控点	20μg/m³（监控点与参照点浓度差值）
			20		0.20	0.31		
			30		0.69	1.0		
			40		1.2	1.8		
		11（其他）	50		1.8	2.7		
			60		2.6	3.9		
			70		3.6	5.5		
			80		4.9	7.5		
8	氯气④	85	25	禁排	0.60	0.90	周界外浓度最高点	0.50
			30		1.0	1.5		
			40		3.4	5.2		
			50		5.9	9.0		
			60		9.1	14		
			70		13	20		
			80		18	28		
9	铅及其化合物	0.90	15	禁排	0.005	0.007	周界外浓度最高点	0.0075
			20		0.007	0.011		
			30		0.031	0.048		
			40		0.055	0.083		
			50		0.085	0.13		
			60		0.12	0.18		
			70		0.17	0.26		
			80		0.23	0.35		
			90		0.31	0.47		
			100		0.39	0.60		
10	汞及其化合物	0.015	15	禁排	1.8×10^{-3}	2.8×10^{-3}	周界外浓度最高点	0.0015
			20		3.1×10^{-3}	4.6×10^{-3}		
			30		10×10^{-3}	16×10^{-3}		
			40		18×10^{-3}	27×10^{-3}		
			50		27×10^{-3}	41×10^{-3}		
			60		39×10^{-3}	59×10^{-3}		
11	镉及其化合物	1.0	15	禁排	0.060	0.090	周界外浓度最高点	0.050
			20		0.10	0.15		
			30		0.34	0.52		
			40		0.59	0.90		
			50		0.91	1.4		
			60		1.3	2.0		
			70		1.8	2.8		
			80		2.5	3.7		
12	铍及其化合物	0.015	15	禁排	1.3×10^{-3}	2.0×10^{-3}	周界外浓度最高点	0.0010
			20		2.2×10^{-3}	3.3×10^{-3}		
			30		7.3×10^{-3}	11×10^{-3}		
			40		13×10^{-3}	19×10^{-3}		
			50		19×10^{-3}	29×10^{-3}		
			60		27×10^{-3}	41×10^{-3}		
			70		39×10^{-3}	58×10^{-3}		
			80		52×10^{-3}	79×10^{-3}		

续表

序号	污染物	最高允许排放浓度/(mg/m^3)	排气筒高度/m	最高允许排放速率/(kg/h)			无组织排放监控浓度限值	
				一级	二级	三级	监控点	浓度/(mg/m^3)
13	镍及其化合物	5.0	15 20 30 40 50 60 70 80	禁排	0.18 0.31 1.0 1.8 2.7 3.9 5.5 7.4	0.28 0.46 1.6 2.7 4.1 5.9 8.2 11	周界外浓度最高点	0.050
14	锡及其化合物	10	15 20 30 40 50 60 70 80	禁排	0.36 0.61 2.1 3.5 5.4 7.7 11 15	0.55 0.93 3.1 5.4 8.2 12 17 22	周界外浓度最高点	0.30
15	苯	17	15 20 30 40	禁排	0.60 1.0 3.3 6.0	0.90 1.5 5.2 9.0	周界外浓度最高点	0.50
16	甲苯	60	15 20 30 40	禁排	3.6 6.1 21 36	5.5 9.3 31 54	周界外浓度最高点	3.0
17	二甲苯	90	15 20 30 40	禁排	1.2 2.0 6.9 12	1.8 3.1 10 18	周界外浓度最高点	1.5
18	酚类	115	15 20 30 40 50 60	禁排	0.12 0.20 0.68 1.2 1.8 2.6	0.18 0.31 1.0 1.8 2.7 3.9	周界外浓度最高点	0.10
19	甲醛	30	15 20 30 40 50 60	禁排	0.30 0.51 1.7 3.0 4.5 6.4	0.46 0.77 2.6 4.5 6.9 9.8	周界外浓度最高点	0.25
20	乙醛	150	15 20 30 40 50 60	禁排	0.060 0.10 0.34 0.59 0.91 1.3	0.090 0.15 0.52 0.90 1.4 2.0	周界外浓度最高点	0.050
21	丙烯腈	26	15 20 30 40 50 60	禁排	0.91 1.5 5.1 8.9 14 19	1.4 2.3 7.8 13 21 29	周界外浓度最高点	0.75

续表

序号	污染物	最高允许排放浓度/（mg/m^3）	排气筒高度/m	最高允许排放速率/（kg/h）			无组织排放监控浓度限值	
				一级	二级	三级	监控点	浓度/（mg/m^3）
22	丙烯醛	20	15 20 30 40 50 60	禁排	0.61 1.0 3.4 5.9 9.1 13	0.92 1.5 5.2 9.0 14 20	周界外浓度最高点	0.50
23	氰化氢⑤	2.3	25 30 40 50 60 70 80	禁排	0.18 0.31 1.0 1.8 2.7 3.9 5.5	0.28 0.46 1.6 2.7 4.1 5.9 8.3	周界外浓度最高点	0.030
24	甲醇	220	15 20 30 40 50 60	禁排	6.1 10 34 59 91 130	9.2 15 52 90 140 200	周界外浓度最高点	15
25	苯胺类	25	15 20 30 40 50 60	禁排	0.61 1.0 3.4 5.9 9.1 13	0.92 1.5 5.2 9.0 14 20	周界外浓度最高点	0.50
26	氯苯类	85	15 20 30 40 50 60 70 80 90 100	禁排	0.67 1.0 2.9 5.0 7.7 11 15 21 27 34	0.92 1.5 4.4 7.6 12 17 23 32 41 52	周界外浓度最高点	0.50
27	硝基苯类	20	15 20 30 40 50 60	禁排	0.060 0.10 0.34 0.59 0.91 1.3	0.090 0.15 0.52 0.90 1.4 2.0	周界外浓度最高点	0.050
28	氯乙烯	65	15 20 30 40 50 60	禁排	0.91 1.5 5.0 8.9 14 19	1.4 2.3 7.8 13 21 29	周界外浓度最高点	0.75
29	苯并[*a*]芘	0.50×10^{-3} （沥青、碳素制品生产和加工）	15 20 30 40 50 60	禁排	0.06×10^{-3} 0.10×10^{-3} 0.34×10^{-3} 0.59×10^{-3} 0.90×10^{-3} 1.3×10^{-3}	0.09×10^{-3} 0.15×10^{-3} 0.51×10^{-3} 0.89×10^{-3} 1.4×10^{-3} 2.0×10^{-3}	周界外浓度最高点	0.01 μg/m^3

续表

序号	污染物	最高允许排放浓度/(mg/m³)	排气筒高度/m	最高允许排放速率/(kg/h)			无组织排放监控浓度限值	
				一级	二级	三级	监控点	浓度/(mg/m³)
30	光气[6]	5.0	25 30 40 50	禁排	0.12 0.20 0.69 1.2	0.18 0.31 1.0 1.8	周界外浓度最高点	0.10
31	沥青烟	280（吹制沥青） 80（熔炼、浸涂） 150（建筑搅拌）	15 20 30 40 50 60 70 80	0.11 0.19 0.82 1.4 2.2 3.0 4.5 6.2	0.22 0.36 1.6 2.8 4.3 5.9 8.7 12	0.34 0.55 2.4 4.2 6.6 9.0 13 18	生产设备不得有明显的无组织排放存在	
32	石棉尘	2 根（纤维）/cm³ 或 20mg/m³	15 20 30 40 50	禁排	0.65 1.1 4.2 7.2 11	0.98 1.7 6.4 11 17	生产设备不得有明显的无组织排放存在	
33	非甲烷总烃	150（使用溶剂汽油或其他混合烃类物质）	15 20 30 40	6.3 10 35 61	12 20 63 120	18 30 100 170	周界外浓度最高点	5.0

① 一般应于无组织排放源上风向 2～50 m 范围内设参照点，排放源下风向 2～50 m 范围内设监控点。下同。

② 周界外浓度最高点一般应设于排放源下风向的单位周界外 10 m 范围内。如预计无组织排放的最大落地浓度点越出 10 m 范围，可将监控点移至该预计浓度最高点。下同。

③ 均指含游离二氧化硅 10%以上的各种尘。

④ 排放氯气的排气筒不得低于 25 m。

⑤ 排放氰化氢的排气筒不得低于 25 m。

⑥ 排放光气的排气筒不得低于 25 m。

附表 10 新污染源大气污染物排放限值（1997 年 1 月 1 日起设立的污染源）

序号	污染物	最高允许排放浓度/(mg/m³)	排气筒高度/m	最高允许排放速率/(kg/h)		无组织排放监控浓度限值	
				二级	三级	监控点	浓度/(mg/m³)
1	二氧化硫	960（硫、二氧化硫、硫酸和其他含硫化合物生产） 550（硫、二氧化硫、硫酸和其他含硫化合物使用）	15 20 30 40 50 60 70 80 90 100	2.6 4.3 15 25 39 55 77 110 130 170	3.5 6.6 22 38 58 83 120 160 200 270	周界外浓度最高点[1]	0.40

续表

序号	污染物	最高允许排放浓度/（mg/m^3）	排气筒高度/m	最高允许排放速率/（kg/h）		无组织排放监控浓度限值	
				二级	三级	监控点	浓度/（mg/m^3）
2	氮氧化物	1400（硝酸、氮肥和火炸药生产）	15	0.77	1.2	周界外浓度最高点	0.12
			20	1.3	2.0		
			30	4.4	6.6		
			40	7.5	11		
			50	12	18		
		240（硝酸使用和其他）	60	16	25		
			70	23	35		
			80	31	47		
			90	40	61		
			100	52	78		
3	颗粒物	18（炭黑尘、染料尘）	15	0.51	0.74	周界外浓度最高点	肉眼不可见
			20	0.85	1.3		
			30	3.4	5.0		
			40	5.8	8.5		
		60②（玻璃棉尘、石英粉尘、矿渣棉尘）	15	1.9	2.6	周界外浓度最高点	1.0
			20	3.1	4.5		
			30	12	18		
			40	21	31		
		120（其他）	15	3.5	5.0	周界外浓度最高点	1.0
			20	5.9	8.5		
			30	23	34		
			40	39	59		
			50	60	94		
			60	85	130		
4	氯化氢	100	15	0.26	0.39	周界外浓度最高点	0.20
			20	0.43	0.65		
			30	1.4	2.2		
			40	2.6	3.8		
			50	3.8	5.9		
			60	5.4	8.3		
			70	7.7	12		
			80	10	16		
5	铬酸雾	0.070	15	0.008	0.012	周界外浓度最高点	0.0060
			20	0.013	0.020		
			30	0.043	0.066		
			40	0.076	0.12		
			50	0.12	0.18		
			60	0.16	0.25		
6	硫酸雾	430（火炸药厂）	15	1.5	2.4	周界外浓度最高点	1.2
			20	2.6	3.9		
			30	8.8	13		
			40	15	23		
		45（其他）	50	23	35		
			60	33	50		
			70	46	70		
			80	63	95		
7	氟化物	90（普钙工业）	15	0.10	0.15	周界外浓度最高点	20 μg/m^3
			20	0.17	0.26		
			30	0.59	0.88		
			40	1.0	1.5		
		9.0（其他）	50	1.5	2.3		
			60	2.2	3.3		
			70	3.1	4.7		
			80	4.2	6.3		

续表

序号	污染物	最高允许排放浓度/（mg/m³）	排气筒高度/m	最高允许排放速率/（kg/h）		无组织排放监控浓度限值	
				二级	三级	监控点	浓度/（mg/m³）
8	氯气③	65	25	0.52	0.78	周界外浓度最高点	0.40
			30	0.87	1.3		
			40	2.9	4.4		
			50	5.0	7.6		
			60	7.7	12		
			70	11	17		
			80	15	23		
9	铅及其化合物	0.70	15	0.004	0.006	周界外浓度最高点	0.0060
			20	0.006	0.009		
			30	0.027	0.041		
			40	0.047	0.071		
			50	0.072	0.11		
			60	0.10	0.15		
			70	0.15	0.22		
			80	0.20	0.30		
			90	0.26	0.40		
			100	0.33	0.51		
10	汞及其化合物	0.012	15	1.5×10^{-3}	2.4×10^{-3}	周界外浓度最高点	0.0012
			20	2.6×10^{-3}	3.9×10^{-3}		
			30	7.8×10^{-3}	13×10^{-3}		
			40	15×10^{-3}	23×10^{-3}		
			50	23×10^{-3}	35×10^{-3}		
			60	33×10^{-3}	50×10^{-3}		
11	镉及其化合物	0.85	15	0.050	0.080	周界外浓度最高点	0.040
			20	0.090	0.13		
			30	0.29	0.44		
			40	0.50	0.77		
			50	0.77	1.2		
			60	1.1	1.7		
			70	1.5	2.3		
			80	2.1	3.2		
12	铍及其化合物	0.012	15	1.1×10^{-3}	1.7×10^{-3}	周界外浓度最高点	0.0008
			20	1.8×10^{-3}	2.8×10^{-3}		
			30	6.2×10^{-3}	9.4×10^{-3}		
			40	11×10^{-3}	16×10^{-3}		
			50	16×10^{-3}	25×10^{-3}		
			60	23×10^{-3}	35×10^{-3}		
			70	33×10^{-3}	50×10^{-3}		
			80	44×10^{-3}	67×10^{-3}		
13	镍及其化合物	4.3	15	0.15	0.24	周界外浓度最高点	0.040
			20	0.26	0.34		
			30	0.88	1.3		
			40	1.5	2.3		
			50	2.3	3.5		
			60	3.3	5.0		
			70	4.6	7.0		
			80	6.3	10		
14	锡及其化合物	8.5	15	0.31	0.47	周界外浓度最高点	0.24
			20	0.52	0.79		
			30	1.8	2.7		
			40	3.0	4.6		
			50	4.6	7.0		
			60	6.6	10		
			70	9.3	14		
			80	13	19		

续表

序号	污染物	最高允许排放浓度/（mg/m^3）	排气筒高度/m	最高允许排放速率/（kg/h）		无组织排放监控浓度限值	
				二级	三级	监控点	浓度/（mg/m^3）
15	苯	12	15	0.50	0.80	周界外浓度最高点	0.40
			20	0.90	1.3		
			30	2.9	4.4		
			40	5.6	7.6		
16	甲苯	40	15	3.1	4.7	周界外浓度最高点	2.4
			20	5.2	7.9		
			30	18	27		
			40	30	46		
17	二甲苯	70	15	1.0	1.5	周界外浓度最高点	1.2
			20	1.7	2.6		
			30	5.9	8.8		
			40	10	15		
18	酚类	100	15	0.10	0.15	周界外浓度最高点	0.080
			20	0.17	0.26		
			30	0.58	0.88		
			40	1.0	1.5		
			50	1.5	2.3		
			60	2.2	3.3		
19	甲醛	25	15	0.26	0.39	周界外浓度最高点	0.20
			20	0.43	0.65		
			30	1.4	2.2		
			40	2.6	3.8		
			50	3.8	5.9		
			60	5.4	8.3		
20	乙醛	125	15	0.050	0.080	周界外浓度最高点	0.040
			20	0.090	0.13		
			30	0.29	0.44		
			40	0.50	0.77		
			50	0.77	1.2		
			60	1.1	1.6		
21	丙烯腈	22	15	0.77	1.2	周界外浓度最高点	0.60
			20	1.3	2.0		
			30	4.4	6.6		
			40	7.5	11		
			50	12	18		
			60	16	25		
22	丙烯醛	16	15	0.52	0.78	周界外浓度最高点	0.40
			20	0.87	1.3		
			30	2.9	4.4		
			40	5.0	7.6		
			50	7.7	12		
			60	11	17		
23	氰化氢④	1.9	25	0.15	0.24	周界外浓度最高点	0.024
			30	0.26	0.39		
			40	0.88	1.3		
			50	1.5	2.3		
			60	2.3	3.5		
			70	3.3	5.0		
			80	4.6	7.0		
24	甲醇	190	15	5.1	7.8	周界外浓度最高点	12
			20	8.6	13		
			30	29	44		
			40	50	70		
			50	77	120		
			60	100	170		

续表

序号	污染物	最高允许排放浓度/（mg/m^3）	排气筒高度/m	最高允许排放速率/（kg/h）		无组织排放监控浓度限值	
				二级	三级	监控点	浓度/（mg/m^3）
25	苯胺类	20	15 20 30 40 50 60	0.52 0.87 2.9 5.0 7.7 11	0.78 1.3 4.4 7.6 12 17	周界外浓度最高点	0.40
26	氯苯类	60	15 20 30 40 50 60 70 80 90 100	0.52 0.87 2.5 4.3 6.6 9.3 13 18 23 29	0.78 1.3 3.8 6.5 9.9 14 20 27 35 44	周界外浓度最高点	0.40
27	硝基苯类	16	15 20 30 40 50 60	0.050 0.090 0.29 0.50 0.77 1.1	0.080 0.13 0.44 0.77 1.2 1.7	周界外浓度最高点	0.040
28	氯乙烯	36	15 20 30 40 50 60	0.77 1.3 4.4 7.5 12 16	1.2 2.0 6.6 11 18 25	周界外浓度最高点	0.60
29	苯并[*a*]芘	0.30×10^{-3}（沥青及碳素制品生产和加工）	15 20 30 40 50 60	0.050×10^{-3} 0.085×10^{-3} 0.29×10^{-3} 0.50×10^{-3} 0.77×10^{-3} 1.1×10^{-3}	0.080×10^{-3} 0.13×10^{-3} 0.43×10^{-3} 0.76×10^{-3} 1.2×10^{-3} 1.7×10^{-3}	周界外浓度最高点	0.008 $\mu g/m^3$
30	光气⑤	3.0	25 30 40 50	0.10 0.17 0.59 1.0	0.15 0.26 0.88 1.5	周界外浓度最高点	0.080
31	沥青烟	140（吹制沥青） 40（熔炼、浸涂） 75（建筑搅拌）	15 20 30 40 50 60 70 80	0.18 0.30 1.3 2.3 3.6 5.6 7.4 10	0.27 0.45 2.0 3.5 5.4 7.5 11 15	生产设备不得有明显的无组织排放存在	
32	石棉尘	1 根（纤维）/cm^3 或 10 mg/m^3	15 20 30 40 50	0.55 0.93 3.6 6.2 9.4	0.83 1.4 5.4 9.3 14	生产设备不得有明显的无组织排放存在	

续表

序号	污染物	最高允许排放浓度/（mg/m^3）	排气筒高度/m	最高允许排放速率/（kg/h）		无组织排放监控浓度限值	
				二级	三级	监控点	浓度/（mg/m^3）
33	非甲烷总烃	120（使用溶剂汽油或其他混合烃类物质）	15 20 30 40	10 17 53 100	16 27 83 150	周界外浓度最高点	4.0

① 周界外浓度最高点一般应设于无组织排放源下风向的单位周界外 10 m 范围内。如预计无组织排放的最大落地浓度点越出 10m 范围，可将监控点移至该预计浓度最高点。下同。

② 均指含游离二氧化硅 10%以上的各种尘。

③ 排放氯气的排气筒不得低于 25 m。

④ 排放氰化氢的排气筒不得低于 25 m。

⑤ 排放光气的排气筒不得低于 25 m。

附录六　污水综合排放标准（摘自 GB 8978—1996）

附表 11　第一类污染物最高允许排放浓度　　单位：mg/L

序号	污染物	最高允许排放浓度
1	总汞	0.05
2	烷基汞	不得检出
3	总镉	0.1
4	总铬	1.5
5	六价铬	0.5
6	总砷	0.5
7	总铅	1.0
8	总镍	1.0
9	苯并[*a*]芘	0.00003
10	总铍	0.005
11	总银	0.5
12	总 α 放射性	1 Bq/L
13	总 β 放射性	10 Bq/L

附表 12　第二类污染物最高允许排放浓度（1997 年 12 月 31 日之前建设的单位）

单位：mg/L

序号	污染物	适用范围	一级标准	二级标准	三级标准
1	pH	一切排污单位	6～9	6～9	6～9
2	色度（稀释倍数）	染料工业	50	180	—
		其他排污单位	50	80	—
3	悬浮物（SS）	采矿、选矿、选煤工业	100	300	—
		脉金选矿	100	500	—
		边远地区砂金选矿	100	800	—
		城镇二级污水处理厂	20	30	—
		其他排污单位	70	200	400
4	五日生化需氧量（BOD_5）	甘蔗制糖、苎麻脱胶、湿法纤维板工业	30	100	600
		甜菜制糖、酒精、味精、皮革、化纤浆粕工业	30	150	600
		城镇二级污水处理厂	20	30	—
		其他排污单位	30	60	300
5	化学需氧量（COD）	甜菜制糖、焦化、合成脂肪酸、湿法纤维板、染料、洗毛、有机磷农药工业	100	200	1000
		味精、酒精、医药原料药、生物制药、苎麻脱胶、皮革、化纤浆粕工业	100	300	1000
		石油化工工业（包括石油炼制）	100	150	500

续表

序号	污染物	适用范围	一级标准	二级标准	三级标准
5	化学需氧量（COD）	城镇二级污水处理厂	60	120	—
		其他排污单位	100	150	500
6	石油类	一切排污单位	10	10	30
7	动植物油	一切排污单位	20	20	100
8	挥发酚	一切排污单位	0.5	0.5	2.0
9	总氰化物	电影洗片（铁氰化合物）	0.5	5.0	5.0
		其他排污单位	0.5	0.5	1.0
10	硫化物	一切排污单位	1.0	1.0	2.0
11	氨氮	医药原料药、染料、石油化工工业	15	50	—
		其他排污单位	15	25	—
12	氟化物	黄磷工业	10	20	20
		低氟地区（水体含氟量<0.5 mg/L）	10	20	30
		其他排污单位	10	10	20
13	磷酸盐（以P计）	一切排污单位	0.5	1.0	—
14	甲醛	一切排污单位	1.0	2.0	5.0
15	苯胺类	一切排污单位	1.0	2.0	5.0
16	硝基苯类	一切排污单位	2.0	3.0	5.0
17	阴离子表面活性剂（LAS）	合成洗涤剂工业	5.0	15	20
		其他排污单位	5.0	10	20
18	总铜	一切排污单位	0.5	1.0	2.0
19	总锌	一切排污单位	2.0	5.0	5.0
20	总锰	合成脂肪酸工业	2.0	5.0	5.0
		其他排污单位	2.0	2.0	5.0
21	彩色显影剂	电影洗片	2.0	3.0	5.0
22	显影剂及氧化物总量	电影洗片	3.0	6.0	6.0
23	元素磷	一切排污单位	0.1	0.3	0.3
24	有机磷农药（以P计）	一切排污单位	不得检出	0.5	0.5
25	粪大肠菌群数	医院①、兽医院及医疗机构含病原体污水	500个/L	1000个/L	5000个/L
		传染病、结核病医院污水	100个/L	500个/L	1000个/L
26	总余氯（采用氯化消毒的医院污水）	医院①、兽医院及医疗机构含病原体污水	<0.5②	>3（接触时间≥1 h）	>2（接触时间≥1 h）
		传染病、结核病医院污水	<0.5②	>6.5（接触时间≥1.5 h）	>5（接触时间≥1.5 h）

① 指50个床位以上的医院。

② 加氯消毒后须进行脱氯处理，达到本标准。

附表 13　部分行业最高允许排水量（1997 年 12 月 31 日之前建设的单位）

序号	行业类别			最高允许排水量或最低允许水重复利用率
1	矿山工业	有色金属系统选矿		水重复利用率 75%
1	矿山工业	其他矿山工业采矿、选矿、选煤等		水重复利用率 90%（选煤）
1	矿山工业	脉金选矿	重选	16.0 m^3/t（矿石）
1	矿山工业	脉金选矿	浮选	9.0 m^3/t（矿石）
1	矿山工业	脉金选矿	氰化	8.0 m^3/t（矿石）
1	矿山工业	脉金选矿	碳浆	8.0 m^3/t（矿石）
2	焦化企业（煤气厂）			1.2 m^3/t（焦炭）
3	有色金属冶炼及金属加工			水重复利用率 80%
4	石油炼制工业（不包括直排水炼油厂） 加工深度分类： A．燃料型炼油厂 B．燃料+润滑油型炼油厂 C．燃料+润滑油型+炼油化工型炼油厂 （包括加工高含硫原油页岩油和石油添加剂生产基地的炼油厂）		A	>500×10^4 t，1.0 m^3/t（原油） 250×10^4～500×10^4 t, 1.2 m^3/t（原油） <250×10^4 t，1.5 m^3/t（原油）
			B	>500×10^4 t，1.5 m^3/t（原油） 250×10^4～500×10^4 t, 2.0 m^3/t（原油） <250×10^4 t，2.0 m^3/t（原油）
			C	>500×10^4 t，2.0 m^3/t（原油） 250×10^4～500×10^4 t, 2.5 m^3/t（原油） <250×10^4 t，2.5 m^3/t（原油）
5	合成洗涤剂工业	氯化法生产烷基苯		200.0 m^3/t（烷基苯）
5	合成洗涤剂工业	裂解法生产烷基苯		70.0 m^3/t（烷基苯）
5	合成洗涤剂工业	烷基苯生产合成洗涤剂		10.0 m^3/t（产品）
6	合成脂肪酸工业			200.0 m^3/t（产品）
7	湿法生产纤维板工业			30.0 m^3/t（板）
8	制糖工业	甘蔗制糖		10.0 m^3/t（甘蔗）
8	制糖工业	甜菜制糖		4.0 m^3/t（甜菜）
9	皮革工业	猪盐湿皮		60.0 m^3/t（原皮）
9	皮革工业	牛干皮		100.0 m^3/t（原皮）
9	皮革工业	羊干皮		150.0 m^3/t（原皮）
10	发酵、酿造工业	酒精工业	以玉米为原料	100.0 m^3/t（酒精）
10	发酵、酿造工业	酒精工业	以薯类为原料	80.0 m^3/t（酒精）
10	发酵、酿造工业	酒精工业	以糖蜜为原料	70.0 m^3/t（酒精）
10	发酵、酿造工业	味精工业		600.0 m^3/t（味精）
10	发酵、酿造工业	啤酒工业（排水量不包括麦芽水部分）		16.0 m^3/t（啤酒）
11	铬盐工业			5.0 m^3/t（产品）
12	硫酸工业（水洗法）			15.0 m^3/t（硫酸）
13	苎麻脱胶工业			500 m^3/t（原麻）或 750 m^3/t（精干麻）
14	化纤浆粕			本色：150 m^3/t（浆） 漂白：240 m^3/t（浆）

续表

序号	行业类别		最高允许排水量或最低允许水重复利用率
15	粘胶纤维工业（单纯纤维）	短纤维（棉型中长纤维、毛型中长纤维）	300 m^3/t（纤维）
		长纤维	800 m^3/t（纤维）
16	铁路货车洗刷		5.0 m^3/辆
17	电影洗片		5.0 m^3/1000 m（35 mm 的胶片）
18	石油沥青工业		冷却池的水循环利用率 95%

附表 14　第二类污染物最高允许排放浓度（1998 年 1 月 1 日后建设的单位）

单位：mg/L

序号	污染物	适用范围	一级标准	二级标准	三级标准
1	pH	一切排污单位	6～9	6～9	6～9
2	色度（稀释倍数）	一切排污单位	50	80	—
3	悬浮物（SS）	采矿、选矿、选煤工业	70	300	—
		脉金选矿	70	400	—
		边远地区砂金选矿	70	800	—
		城镇二级污水处理厂	20	30	—
		其他排污单位	70	150	400
4	五日生化需氧量（BOD_5）	甘蔗制糖、苎麻脱胶、湿法纤维板、染料、洗毛工业	20	60	600
		甜菜制糖、酒精、味精、皮革、化纤浆粕工业	20	100	600
		城镇二级污水处理厂	20	30	—
		其他排污单位	20	30	300
5	化学需氧量（COD）	甜菜制糖、合成脂肪酸、湿法纤维板、染料、洗毛、有机磷农药工业	100	200	1000
		味精、酒精、医药原料药、生物制药、苎麻脱胶、皮革、化纤浆粕工业	100	300	1000
		石油化工工业（包括石油炼制）	60	120	500
		城镇二级污水处理厂	60	120	—
		其他排污单位	100	150	500
6	石油类	一切排污单位	5	10	20
7	动植物油	一切排污单位	10	15	100
8	挥发酚	一切排污单位	0.5	0.5	2.0
9	总氰化合物	一切排污单位	0.5	0.5	1.0
10	硫化物	一切排污单位	1.0	1.0	1.0
11	氨氮	医药原料药、染料、石油化工工业	15	50	—
		其他排污单位	15	25	—
12	氟化物	黄磷工业	10	15	20
		低氟地区（水体含氟量<0.5 mg/L）	10	20	30

续表

序号	污染物	适用范围	一级标准	二级标准	三级标准
12	氟化物	其他排污单位	10	10	20
13	磷酸盐（以P计）	一切排污单位	0.5	1.0	—
14	甲醛	一切排污单位	1.0	2.0	5.0
15	苯胺类	一切排污单位	1.0	2.0	5.0
16	硝基苯类	一切排污单位	2.0	3.0	5.0
17	阴离子表面活性剂（LAS）	一切排污单位	5.0	10	20
18	总铜	一切排污单位	0.5	1.0	2.0
19	总锌	一切排污单位	2.0	5.0	5.0
20	总锰	合成脂肪酸工业	2.0	5.0	5.0
		其他排污单位	2.0	2.0	5.0
21	彩色显影剂	电影洗片	1.0	2.0	3.0
22	显影剂及氧化物总量	电影洗片	3.0	3.0	6.0
23	元素磷	一切排污单位	0.1	0.1	0.3
24	有机磷农药（以P计）	一切排污单位	不得检出	0.5	0.5
25	乐果	一切排污单位	不得检出	1.0	2.0
26	对硫磷	一切排污单位	不得检出	1.0	2.0
27	甲基对硫磷	一切排污单位	不得检出	1.0	2.0
28	马拉硫磷	一切排污单位	不得检出	5.0	10
29	五氯酚及五氯酚钠（以五氯酚计）	一切排污单位	5.0	8.0	10
30	可吸附有机卤化物（AOX）（以Cl计）	一切排污单位	1.0	5.0	8.0
31	三氯甲烷	一切排污单位	0.3	0.6	1.0
32	四氯化碳	一切排污单位	0.03	0.06	0.5
33	三氯乙烯	一切排污单位	0.3	0.6	1.0
34	四氯乙烯	一切排污单位	0.1	0.2	0.5
35	苯	一切排污单位	0.1	0.2	0.5
36	甲苯	一切排污单位	0.1	0.2	0.5
37	乙苯	一切排污单位	0.4	0.6	1.0
38	邻二甲苯	一切排污单位	0.4	0.6	1.0
39	对二甲苯	一切排污单位	0.4	0.6	1.0
40	间二甲苯	一切排污单位	0.4	0.6	1.0
41	氯苯	一切排污单位	0.2	0.4	1.0
42	邻二氯苯	一切排污单位	0.4	0.6	1.0
43	对二氯苯	一切排污单位	0.4	0.6	1.0

续表

序号	污染物	适用范围	一级标准	二级标准	三级标准
44	对硝基氯苯	一切排污单位	0.5	1.0	5.0
45	2,4-二硝基氯苯	一切排污单位	0.5	1.0	5.0
46	苯酚	一切排污单位	0.3	0.4	1.0
47	间甲酚	一切排污单位	0.1	0.2	0.5
48	2,4-二氯酚	一切排污单位	0.6	0.8	1.0
49	2,4,6-三氯酚	一切排污单位	0.6	0.8	1.0
50	邻苯二甲酸二丁酯	一切排污单位	0.2	0.4	2.0
51	邻苯二甲酸二辛酯	一切排污单位	0.3	0.6	2.0
52	丙烯腈	一切排污单位	2.0	5.0	5.0
53	总硒	一切排污单位	0.1	0.2	0.5
54	粪大肠菌群数	医院①、兽医院及医疗机构含病原体污水	500 个/L	1000 个/L	5000 个/L
		传染病、结核病医院污水	100 个/L	500 个/L	1000 个/L
55	总余氯（采用氯化消毒的医院污水）	医院①、兽医院及医疗机构含病原体污水	<0.5②	>3（接触时间≥1 h）	>2（接触时间≥1 h）
		传染病、结核病医院污水	<0.5②	>6.5（接触时间≥1.5 h）	>5（接触时间≥1.5 h）
56	总有机碳（TOC）	合成脂肪酸工业	20	40	—
		苎麻脱胶工业	20	60	—
		其他排污单位	20	30	—

① 指 50 个床位以上的医院。

② 加氯消毒后须进行脱氯处理，达到本标准。

注：其他排污单位指除在该控制项目中所列行业以外的一切排污单位。

附表 15 部分行业最高允许排水量（1998 年 1 月 1 日后建设的单位）

序号	行业类别			最高允许排水量或最低允许水重复利用率	
1	矿山工业	有色金属系统选矿		水重复利用率 75%	
		其他矿山工业采矿、选矿、选煤等		水重复利用率 90%（选煤）	
		脉金选矿	重选	16.0 m^3/t（矿石）	
			浮选	9.0 m^3/t（矿石）	
			氰化	8.0 m^3/t（矿石）	
			碳浆	8.0 m^3/t（矿石）	
2	焦化企业（煤气厂）			1.2 m^3/t（焦炭）	
3	有色金属冶炼及金属加工			水重复利用率 80%	
4	石油炼制工业（不包括直排水炼油厂） 加工深度分类： A．燃料型炼油厂 B．燃料+润滑油型炼油厂 C．燃料+润滑油型+炼油化工型炼油厂 （包括加工高含硫原油页岩油和石油添加剂生产基地的炼油厂）			A	>500×10^4 t，1.0 m^3/t（原油） 250×10^4～500×10^4 t, 1.2 m^3/t（原油） <250×10^4 t，1.5 m^3/t（原油）
				B	>500×10^4 t，1.5 m^3/t（原油） 250×10^4～500×10^4 t, 2.0 m^3/t（原油） <250×10^4 t，2.0 m^3/t（原油）
				C	>500×10^4 t，2.0 m^3/t（原油） 250×10^4～500×10^4 t, 2.5 m^3/t（原油） <250×10^4 t，2.5 m^3/t（原油）

续表

序号	行业类别			最高允许排水量或最低允许水重复利用率
5	合成洗涤剂工业	氯化法生产烷基苯		200.0 m^3/t（烷基苯）
		裂解法生产烷基苯		70.0 m^3/t（烷基苯）
		烷基苯生产合成洗涤剂		10.0 m^3/t（产品）
6	合成脂肪酸工业			200.0 m^3/t（产品）
7	湿法生产纤维板工业			30.0 m^3/t（板）
8	制糖工业	甘蔗制糖		10.0 m^3/t（甘蔗）
		甜菜制糖		4.0 m^3/t（甜菜）
9	皮革工业	猪盐湿皮		60.0 m^3/t（原皮）
		牛干皮		100.0 m^3/t（原皮）
		羊干皮		150.0 m^3/t（原皮）
10	发酵、酿造工业	酒精工业	以玉米为原料	100.0 m^3/t（酒精）
			以薯类为原料	80.0 m^3/t（酒精）
			以糖蜜为原料	70.0 m^3/t（酒精）
		味精工业		600.0 m^3/t（味精）
		啤酒工业（排水量不包括麦芽水部分）		16.0 m^3/t（啤酒）
11	铬盐工业			5.0 m^3/t（产品）
12	硫酸工业（水洗法）			15.0 m^3/t（硫酸）
13	苎麻脱胶工业			500 m^3/t（原麻）或 750 m^3/t（精干麻）
14	黏胶纤维工业（单纯纤维）	短纤维（棉型中长纤维、毛型中长纤维）		300.0 m^3/t（纤维）
		长纤维		800.0 m^3/t（纤维）
15	化纤浆粕			本色：150m^3/t（浆） 漂白：240m^3/t（浆）
16	制药工业医药原料药	青霉素		4700 m^3/t（青霉素）
		链霉素		1450 m^3/t（链霉素）
		土霉素		1300 m^3/t（土霉素）
		四环素		1900 m^3/t（四环素）
		洁霉素		9200 m^3/t（洁霉素）
		金霉素		3000 m^3/t（金霉素）
		庆大霉素		20400 m^3/t（庆大霉素）
		维生素 C		1200 m^3/t（维生素 C）
		氯霉素		2700 m^3/t（氯霉素）
		新诺明		2000 m^3/t（新诺明）
		维生素 B_1		3400 m^3/t（维生素 B_1）
		安乃近		180 m^3/t（安乃近）
		非那西汀		750 m^3/t（非那西汀）

续表

序号	行业类别		最高允许排水量或最低允许水重复利用率
16	制药工业医药原料药	呋喃唑酮	2400 m^3/t（呋喃唑酮）
		咖啡因	1200 m^3/t（咖啡因）
17	有机磷农药工业①	乐果②	700 m^3/t（产品）
		甲基对硫磷（水相法）②	300 m^3/t（产品）
		对硫磷（P_2S_5法）②	500 m^3/t（产品）
		对硫磷（$PSCl_3$法）②	550 m^3/t（产品）
		敌敌畏（敌百虫碱解法）	200 m^3/t（产品）
		敌百虫	40 m^3/t（产品）（不包括三氯乙醛生产废水）
		马拉硫磷	700 m^3/t（产品）
18	除草剂工业①	除草醚	5 m^3/t（产品）
		五氯酚钠	2 m^3/t（产品）
		五氯酚	4 m^3/t（产品）
		2 甲 4 氯	14 m^3/t（产品）
		2,4-D	4 m^3/t（产品）
		丁草胺	4.5 m^3/t（产品）
		绿麦隆（以 Fe 粉还原）	2 m^3/t（产品）
		绿麦隆（以 Na_2S 还原）	3 m^3/t（产品）
19	火力发电工业		3.5 m^3/（MW·h）
20	铁路货车洗刷		5.0 m^3/辆
21	电影洗片		5.0 m^3/1000 m（35 mm 的胶片）
22	石油沥青工业		冷却池的水循环利用率 95%

① 产品按 100%浓度计。

② 不包括 P_2S_5、$PSCl_3$、PCl_3 原料生产废水。

附录七　实验室质量控制与方法

一、质量控制的方法

（一）内部质量控制方法

1．仪器设备校准、校验；

2．空白试验、平行样测定、加标回收率测定；

3．定期使用标准物质或参考物质（质控样）进行准确度控制；

4．利用相同或不同的方法（或仪器）进行对比检测；

5．由两个以上的人员用同样的方法（或仪器）采样进行对比检测；

6．由同一操作人员对有效期内的存留样品进行重复检测；

7．一个样品不同特性监测结果的相关性分析。

（二）外部质量控制方法

1．参加实验室间比对；

2．参加权威部门组织的能力验证；

3．申请计量测试部门的测量审核。

二、实验室质量控制

（一）采样质量控制

1．采样布点方法及采样点具体位置的选择应符合国家标准及有关技术规范的要求。

2．现场采样时，应选择部分项目（条件允许尽量覆盖所有项目）携带全程序空白样，与样品一样对待（保存、运输），一起送实验室分析，并分析比较现场空白样与实验室空白样之间的结果差异。

3．在采样过程中采集一定比例的平行样（一般为10%，条件允许尽量覆盖所有项目），平行样可以是明码，编为平行样同样的编码加标，也可以是暗码，编写独立的编码，并分析比较现场平行样之间的偏差。

4．采样过程中注意环境条件或工况的变化，并及时记录。

（二）仪器设备质量控制

1．保证检测用计量仪器设备应经检定/校准/自校合格。

2．对采样设备（特别是空气和废气采样仪器）经常进行检查和维护，每次使用前进行必要的流量校准。

3．pH 计、溶氧仪、电导率仪等设备在现场检查前应进行定位校准，校准后再用标准物质进行测量达到检测要求后再进行样品的测试，检测过程中仪器应保持开机状态，直到整个检测完毕后关机。

4．噪声监测仪每次使用前后用声级校准器进行校准，校准结果偏差应符合技术规范的要求。SO_2、NO_2、CO 等现场直读式测试仪，每次使用前应用标准物质进行校准，误差不应超过 5%。

（三）全程空白样品测试

1．全程空白样品的测试值是指未采集样品时的背景值，用以测试现场采样容器以及样品在保存、运输过程中，可能受到的污染物的影响，若有干扰情形出现，则须报告实验指导老师，并由指导老师提出纠正措施。

2．气体空白样品：将空气收集器带至采样点，除不连接空气采集器采集空气样品外，其余操作同样品。

3．水质空白样品：以纯水作空白样品，使用与待测样品同质、同批的容器包装从实验室到采样现场再返回实验室，除不采集水样外，其余操作同待测样品。

4．同一批次每个检测项目至少配备 1 份全程空白样品；相应检测标准规范有规定的遵照执行。

5．全程空白测定结果一般应低于方法检出限，不应从样品测定结果中扣除全程序空白样品的测定结果。

（四）实验室空白样品测试

1．实验室空白样品是指未添加分析物的溶剂，同样品分析操作程序分析，以判定分析过程是否遭到污染，若已污染，则应报告实验指导老师，并由指导老师提出纠正措施。

2．每次配制分析标准曲线时均须配制且分析试剂空白样品，每制备一批样品做一次。

3．样品的检测结果应消除空白造成的影响。高于接受限的试剂空白表示与空白样同时分析的这批样品可能受到污染，检测结果不能被接受。当经过实验证明试剂空白处于稳定水平时，可适当减少空白试验的频次。

（五）平行样的测定

1．现场采样时采集的平行样同样品一起分析，为现场平行；在实验室内同一个样品取两次分析为实验室平行。

2．现场采样时采集的平行样同样品单独编码的，为现场密码样；综合质量部不定期根据实际情况，随机抽取一定比例的样品作为密码平行样，为实验室密码样。

3．每制备一批样品做一次平行样，当经过试验表明检测水平处于稳定和可控制状态时，可适当地减少平行样检测频率。

4．平行样测定值的相对偏差：气相色谱法平行样的相对偏差≤10%；分光光度法、原子吸收法等平行样的相对偏差≤5%。

5．如平行样测定偏差超出规定允许偏差范围，则在样品有效保存期内复测；如复测结果也超出规定的允许偏差范围，说明该批次样品测定结果失控，应找原因，纠正后重新测定，必要时重新采样。

（六）检出限测定

1．按照 GBZ/T 210.4—2008《职业卫生标准制定指南 第 4 部分：工作场所空气中化学物质测定方法》（职业病危害因素领域）或 HJ 168—2020《环境监测分析方法标准制订技术导则》附录 A 方法特性指标确定方法 A.1 方法检出限（环境检测领域）的要求进行。

2．实验室检出限应不大于标准分析方法的检出限，样品分析结果报告时应报告相应的标准分析方法的检出限。

3．当实验室检出限大于方法检出限，但在能接受的范围内，样品分析结果报告时应报告实验室的检出限。

4．当实验室检出限大于方法检出限且超出许可的范围（一般是方法检出限的 2 倍）时应汇报指导老师查找原因。

（七）准确度控制

1．检测过程中可采用测定标准物质（或质控样）作为准确度控制手段，选用的标准物质（或质控样）尽可能和分析样品具有相近的基体。

2．对成批样品分析时，由检测人员根据当时所用仪器的稳定性决定每隔多少样品（一般不超过 20 个样品），测定一份质控样品，如质控样品测得值落在质控样品证书标示值不确定度范围外时，应立即暂停检测工作，找到并消除影响检测准确性的原因，并对上一次质控样品以后所测定样品进行复验。

3．标准样品配制浓度应接近样品浓度水平，按实际样品的检测程序对标准参考物质进行检测，将其测定结果与实际值进行对比分析评价，同时检查仪器设备是否处于正常运转状态，进行仪器/方法的校验。如不一致，应进一步校准仪器，方可进行实际样品的检测工作。

4．当经过实验室控制样品测试实验证明检测水平处于稳定和可控制状态时，可适当减少实验室控制样品的测试频率。

5．当待测样品由于贵重、稀少或不易获得或要求快速提供检测结果，无法进行重复测定时，应该选用与样品基体一致或相似的标准参考物质与样品同时测定。所得标准参考物质的测定值与其证书的保证值相吻合，则表明整个检测系统处于受控状态，样品的检测结果准确可靠，如不一致，检测人员则应当分析原因，采取措施消除对检测结果准确性起作用因素的影响。

6．质量负责人定期用标准参考物质或控制样品作为考核样品对包括检测人员、仪器、方法等在内的整个检测系统作质量评价。用标准样品进行质量控制时，不应与绘制校准曲线的标准溶液来源相同，并应与样品同时测定。

7.密码质控样质量管理人员不定期使用有证标准样品/标准物质作为密码质量控制样品，或在随机抽取的常规样品中加入适量标准样品/标准物质制成密码加标样，交付分析人员进行测定。如质控样的测定结果在给定的不确定度范围内，则说明该批次样品测定结果受控；不在范围内则测定结果作废，应找原因，纠正后重测。

（八）加标回收率

1．原子吸收分光光度法测定回收率（又称消解回收率）：取 2 张空白滤膜，一张加入已知含量的液体，一张不加。

$$回收率=\frac{X(加)-X(不加)}{加入的已知量}\times 100\%$$

式中　X（加）——指加入已知含量液体的原子吸收分光光度法的测定值；

X（不加）——指不加已知含量液体的原子吸收分光光度法的测定值。

2．分光光度法测定回收率：配制同浓度的 2 管试样（或 2 管空白），一管加入已知含量的液体，一管不加。

$$回收率=\frac{X(加)-X(不加)}{加入的已知量}\times 100\%$$

式中　X（加）——指加入已知含量液体的分光光度法的测定值；

X（不加）——指不加已知含量液体的分光光度法的测定值。

3．空白加标：在与样品相同的前处理和测定条件下进行分析。

4．基体加标、基体加标平行：在样品前处理之前加标，加标样品与样品在相同的前处理和测定条件下进行分析。

5．实际应用时注意加标物的形态、加标量和加标的基体；添加物浓度水平应接近分析物浓度或在校准曲线中间浓度范围内。

6．加入的添加物总量不应显著改变样品基体，加标量一般为样品浓度的0.5～3倍，且加标后的总浓度不应超过分析方法的测定上限。

7．样品中待测物浓度在方法检出限附近时，加标量应控制在校准曲线的低浓度范围。

8．加标后样品体积应无显著变化，有变化则应在计算回收率时考虑体积变化。

9．标准样品测量的相对误差及加标回收测定的回收率应符合《水和废水监测分析方法（第四版）》表2-5-3水质监测实验室质量控制指标（建议）的要求。

10．每批相同基体类型的样品应做一次加标。

11．密码加标样质量管理人员不定期使用有证标准样品/标准物质作为密码质量控制样品，或在随机抽取的常规样品中加入适量标准样品/标准物质制成密码加标样，交付分析人员进行测定。如质控样的测定结果在给定的不确定度范围内，则说明该批次样品测定结果受控；不在范围内则测定结果作废，应找出原因，纠正后重测。

参考文献

[1] 奚旦立, 孙裕生, 刘秀英. 环境监测[M]. 3 版. 北京: 高等教育出版社, 2005.

[2] 国家环境保护总局,《水和废水监测分析方法》编委会. 水和废水监测分析方法[M]. 4 版. 北京: 中国环境科学出版社, 2002.

[3] 李光浩. 环境监测实验[M]. 武汉: 华中科技大学出版社, 2009.

[4] 孙福生. 环境分析化学实验教程[M]. 北京: 化学工业出版社, 2021.

[5] 王罗春, 郑坚, 齐雪梅. 环境监测实验[M]. 北京: 中国电力出版社, 2018.

[6] 侯晓虹. 环境污染物分析[M]. 北京: 中国建材工业出版社, 2017.

[7] 汤红妍. 环境监测实验[M]. 北京: 化学工业出版社, 2018.

[8] 江锦花. 环境监测实验[M]. 杭州: 浙江大学出版社, 2021.

[9] 吉芳英, 高俊敏, 何强. 环境监测实验教程[M]. 重庆: 重庆大学出版社, 2015.

[10] 张新英, 张超兰, 刘绍刚. 环境监测实验[M]. 北京: 中国环境出版社, 2016.

[11] 国家环境保护总局,《空气和废气监测分析方法》编委会. 空气和废气监测分析方法[M]. 4 版. 北京: 中国环境科学出版社, 2003.

[12] HJ 1222—2021.

[13] HJ 618—2011.